RETRACE THE COSMIC RAY
DISCOVERY JOURNEY

重走宇宙线 发现之旅

何会海 ◎ 主编

宁波出版社

图书在版编目（CIP）数据

重走宇宙线发现之旅 / 何会海主编. --宁波 ：宁波出版社，2024.9(2024.12 重印). -- ISBN 978-7-5526-5484-4

Ⅰ.O572.1-49

中国国家版本馆 CIP 数据核字第 20246WX878 号

重走宇宙线发现之旅

CHONG ZOU YUZHOUXIAN FAXIAN ZHI LÜ

何会海　主编

出版发行	宁波出版社
地　　址	宁波市甬江大道 1 号宁波书城 8 号楼 6 楼
邮　　编	315040
责任编辑	刘亚琦
责任校对	徐　敏
开　　本	889mm×1194mm　1/32
印　　刷	宁波白云印刷有限公司
印　　张	4.75
字　　数	100 千
版　　次	2024 年 9 月第 1 版
印　　次	2024 年 12 月第 2 次印刷
书　　号	ISBN 978-7-5526-5484-4
定　　价	35.00 元

如有缺页、印张等问题，请与出版社或印厂联系调换
电话：0574-87248279(出版社)
　　　0574-87328764(印刷厂)

《重走宇宙线发现之旅》编写人员

主　　编　何会海

作者名单　刘　佳　熊　峥　赵　静　马玲玲

　　　　　吕洪魁　张笑鹏　左　雄　齐金灿

　　　　　李　骢　高　卫　侯　超　董绪强

　　　　　武　莎　南云程　徐吉磊　李　凯

PREFACE 序 一

这是一本给中学生的关于科学教育的用书,同时是一部宇宙线发现的简史,一本科普读物,一本有趣的故事书。

宇宙线是来自遥远宇宙空间的唯一物质样本,与电磁波、引力波并列为人类观测宇宙的三大信使之一,是科学家进行粒子物理、高能天体物理、暗物质、太阳物理、日地空间环境等多学科前沿研究的利器,而其自身的起源被称为"世纪之谜",是21世纪十一大科学难题之一。

宇宙线的发现要追溯到1785年,当时的法国物理学家库仑在用库仑扭秤测量电荷之间的库仑力时,发现了"验电器电荷消失之谜"。之后,英国物理学家法拉第确认了库仑的发现。自此科学家们开启了探索这一谜团的旅程,包括入地、下海、上天。1912年8月,奥地利物理学家赫斯的那次高达5300米的历史性气球飞行,发现验电器电荷消失是由于天外辐射,这标志着宇宙线的发现。此后,科学家们对宇宙线的性质进行了深入研究,相继开启了粒子物理学和高能天体物理学的大门。近150年的宇宙线发现之旅,充满了迷雾和曲折,处处体现了科学研究的真谛、科学探索的艰辛与乐趣,是科学教育的绝佳素材。

宇宙线作为微观粒子,其速度之快,超过空气中的光速;其能量之高,让人类的粒子加速器望尘莫及;其来源之远,非天涯海角可比拟;其年岁之久,远超人类祖先。这些淘气的高能粒子携带着遥远宇宙的神秘信息,闯进地球大气层,犹如一发发粒子炮弹轰击大气层中的原子核,产生成千上万的次级粒子,形成一阵阵"粒子雨"。这些神秘的高能粒子时刻掠过我们的身体,为中学生进行科学教育、大学生进行近代物理实验提供了唾手可得的免费样品。

有了绝佳的科学教育素材和免费的实验样品,缺少的便是教具和教材了。"校园宇宙线观测联盟"技术团队研制了一套简单易用的宇宙线探测器作为教具,并推出了一系列生动有趣的实验,引领学生"重走宇宙线发现之旅":以历史上宇宙线发现过程中的一系列科学问题为导向,引导学生大胆猜想,自己设计并实施实验,获取并分析实验数据,检验猜想,一步步探知宇宙线的世界,激发学生探索未知的兴趣和欲望。这不仅可以培养学生提出和发现问题、分析问题、自己动手解决问题的能力，还可以培养学生的科学精神、科学素质以及创新性和批判性思维。基于中学知识和电子表格软件便可以完成一系列宇宙线实验和数据分析，一窥这些神秘的高能粒子的起源和性质，重走产生多项诺贝尔奖的宇宙线发现之旅，直捣这些"小淘气"的巢穴，破解"世纪之谜"。

教育为基础研究输送人才，基础研究更要回馈教育。适逢国家大科学装置——高海拔宇宙线观测站（LHAASO）建成并投入科学运行之际，一支常年奋战在科研一线的博士团队倾心撰写了这本书：刘佳悉心撰写的旅行装备一章是本书必读的；熊峥和刘佳追寻空气电离之谜，直捣电荷"怪盗"的老巢；赵静和马玲玲边走边数有多少宇宙线穿过了身体，计算它们对人体的损害；吕洪魁则在追逐光的速度；张笑鹏和刘佳发现宇宙线缪子青春永驻却寿命极短；左雄和齐金灿发现大气保护了地球生命免遭"粒子雨"的轰击；李骢和高卫发现宇宙线带电；侯超和董绪强进一步得出宇宙线带正电；武莎和南云程否定了宇宙线起源的"日源说"，并邀请大家共同探索宇宙线起源这一"世纪之谜"。附录一中，徐吉磊教大家如何自己制作一个水桶探测器。附录二中，李凯和刘佳教大家如何在家看到微观粒子——自己制作云雾室。

特别感谢北京东直门中学的张颖老师,百忙中抽出时间在线上听了每节课,并从专业教学的角度提出了许多宝贵的意见;感谢四川师范大学的钱华敏老师授权使用其作品作为本书的封面。《现代物理知识》逐篇刊出了基于这些课程的系列文章,并推送至其公众号上。中国科学院大学关心下一代工作委员会对本书的出版给予了大力支持,在此致以衷心的感谢!

如果说高海拔宇宙线观测站是驶向星际的旗舰,这本书便是接驳你的那叶扁舟。请上船吧,让我们一起驶向星辰大海。

何会海

2023 年 10 月 31 日

PREFACE 序 二

一、我们想做的事

宇宙线亦被称为宇宙射线,它并不神奇也不特殊,绝大多数是我们生活中接触到的物质的原子核。我们将其称为宇宙射线,可以理解为来自宇宙的各种高能原子核。如今我们知道,大约89%的宇宙线是质子,10%是氦原子核(即α粒子),还有1%是重元素原子核。当然,我们也不能小看宇宙线,它对于人类认知周围物质的构成发挥了重要作用。在那个以人类技术无法加速微观粒子的年代,宇宙线为粒子物理与核物理研究提供了唯一的全天候近乎稳定的高能粒子束流。自20世纪30年代起,短短的20年时间,人们通过宇宙线实验相继发现了正电子、缪子、π介子、K介子、Λ超子、Σ超子等粒子,极大地推进了人类对物质的认知。在这个过程中,宇宙线也贡献了两次诺贝尔物理学奖:1936年,赫斯因发现宇宙线而与利用云室发现正电子的安德森分享诺贝尔物理学奖;1950年,鲍威尔因改进核乳胶探测技术而获得了诺贝尔物理学奖。可以说,宇宙线为人类揭开了高能物理大幕的一角。

1952年,美国布鲁克海文的质子同步加速器开始运行,不久之后在实验室中发现了奇异粒子,而且产出率不断增加。20世纪80年代,粒子物理领域在成熟的加速器技术支持下迈入了黄金时代,宇宙线研究逐渐转向高能天体物理领域。宇宙线是来自太阳系外的唯一物质样品,人类探测到的最高能量的微观粒子就是来自宇宙线,其能量比目前人类所能制造的粒子的最高能量高数千万倍!广漠而寂寥的宇宙中,天体演化从未间断。目前,宇宙线、电磁波、引力波并称为探索宇宙的三大探针,同时它们也是粒子物理学、天文学、宇宙学三大学科领域的基本研究对象。宇宙线的起源、加速和传播机制,以及它们所示踪的高能天体演化,乃至宇宙的演化等科学问题,持续吸引着人们的关注。从宇宙线发现至今的百余年间,宇宙线科学在物理学发展中扮演了极其重要的角色,不断丰富着人类对物质世界的理解,为人类描绘了一幅高能宇宙的图景。

历史上,中国学者依托高原优势对宇宙线的研究作出了重要贡献。1954年,云南东川的落雪山成为我国高海拔宇宙线实验研究的起点。1958年,在落雪山数千米外的海拔3220米的山顶建成了当时世界规模最大的云雾室,并将研究重心集中在超越当时加速器能量上限的高能物理课题上。1976年,在西藏海拔5500米的甘巴拉山上,建成迄今为止世界最高的高山乳胶室。西藏羊八井中日合作实验(ASγ)于1989年启动,西藏羊八井中意合作实验(ARGO-YBJ)于2006年运行,这两个实验使得羊八井宇宙线观测站成为国际上最具代表性的高海拔宇宙线科学实验室之一。

从20世纪50年代开始,中国的宇宙线研究人员已经在大山与风雪中奔波了70余年,这一历程受到了国际宇宙线领域的影响、推动,有竞争,也有合作。随着技术的发展和团队的历练,中国的宇宙线研究也迎来了高峰。位于中国四川稻城的高海拔宇宙线观测站,已于2021年投入运行。作为该项目的成员,我们有幸参与了高海拔宇宙线观测站的设计、建设与运行的全过程。

但在这里,我们真正想说的并不是宇宙线发现的历史或某个大型科学工程的孕育与诞生过程,而是想与中学生们分享我们在宇宙线研究过程中经过苦思冥想后的顿悟和思有所得后的奇妙感受。

二、为什么做这事？

因为我们从中获得了乐趣，并希望将这份乐趣分享给大家。

宇宙线是天然易得且免费的实验样品，是"天上掉下来的馅饼"，时刻经过我们身边，穿过我们的身体，且安全无害；宇宙线探测涉及速度非常接近光速的极端相对论性粒子与物质的相互作用，需要用到如爱因斯坦获得诺贝尔物理学奖的光电效应等近代物理学知识，还涉及纳秒量级的高速电子学技术。其探测基于云的形成、照相机底片曝光、显像管发光等日常生活中的自然现象或物品的相同物理学原理，这些既非常贴近中学生的生活，又充满神秘感，可以激发中学生强烈的好奇心和探索欲望。宇宙线作为前沿科学研究领域，其测量方法与手段历经上百年的发展，已经非常成熟。通过针对性的简化设计，中学生可以自己设计实验方案、搭建探测器、采集实验数据和分析数据，从而获得自己可以理解的实验结果，有些实验结果现在依然具有一定的科学意义。校园宇宙线实验可以作为中学生的一项教学活动，中学生经过简单培训后便可以学会，而中学教师则可以深入学习。

世界上很多国家的中学生早已在享受这份乐趣了。目前已有十几个国家、数百所中学建立了宇宙线观测站。美国国家科学基金会和美国能源部科学办公室的高能物理办公室资助高中学生开展科学研究，其主要项目就是中学宇宙线探测器阵列。欧洲核子研究中心(CERN)、美国费米国家加速器实验室(Fermilab)、德国电子同步加速器研究所(DESY)和意大利国家核物理研究院(INFN)等国际顶级研究机构都积极参与校园宇宙线项目。相关研究机构每年还组织"国际宇宙日"和"国际缪子周"活动，为中学生提供一个交流宇宙线实验研究方法和成果的平台。

在中国，类似项目起步较晚，北京市东直门中学在中国科学院高能物理研究所的支持下，建立了国内第一个校园宇宙线观测站，自2016年起每年都参加"国际宇宙日"活动。随后，江苏的姜堰中学和兴化中学也陆续建站，投入观测并参与相关科学活动。

除了从中获得乐趣之外，我们还承担有一份责任。参与此书撰写的成员大多来自高海拔宇宙线观测站，大家有意愿也有能力向公众传播宇宙线的相关知识。

三、我们心中的这件事

宇宙线实验非常适合放在中学教育中。初涉中学教育内容，我们希望为学生们提供一种怎么样的有趣体验？在经过多次"头脑风暴"后，我们希望这个课程是一门以问题为导向，让学生们自己去寻找答案的课程，是一门重在学习过程的、自我思考的、培养科学思维的课程。这门课程的目标如下。

1. 激发好奇心和兴趣。
2. 激励探究的欲望。
3. 培养质疑的精神。
4. 增强解决问题的信心。
5. 掌握基本的科学方法。
6. 培养创新性思维。

本课程宗旨是以一系列的问题为导向，让学生们在老师的指导下自己拼装探测器、设计实验、实施实验、获得实验数据、分析实验数据，以及逐步验证猜想，最终引导学生们探知宇宙线的世界。与此同时，培养学生们提出和发现问题、分析问题、动手解决问题的能力，培养学生的科学精神和科学思维能力，让学生掌握一些科学的方法。

有了目标与宗旨,我们还需要一个载体来达到目的。我们认为,从发现宇宙线到研究它的一些基本性质,这个过程原本就是如此自然且符合人类认知。为什么不能让学生们在现代实验设备的辅助下,再一次自己发现宇宙线,研究宇宙线呢?于是我们把本书取名为"重走宇宙线发现之旅",而这个"旅"字也代表我们希望学生们可以与我们携手走上人类探索宇宙线的历史之旅。整个旅行计划有九个"景点",在抵达每个"景点"前,我们都会思考一个问题。九个问题环环相扣、逐步深入,时刻指引着我们旅途的方向。最终我们会找到问题的答案,刹那的顿悟带给我们的愉悦感就像是亲眼看见美不胜收的景色。我们相信,在如此周密的旅行计划下,每个学生都会在这场旅行中看到独属于自己的美景。

在这一系列实验和数据分析的过程中,学生们会对微观世界有一个初步的认识,掌握一些简单的数据分析方法,可能会用到多项式方程求解、几何算法、三角函数等初高中数学知识。更重要的是,学生们带着问题去思考、动手,认识上会更加深刻,也可以将得到的结果写成论文与报告,甚至还有机会在"国际宇宙日"和"国际缪子周"的活动上展示自己的研究成果。

四、期许

　　这就是我们的初衷、想法与方向，我在这里分享给大家。有些学生可能会对部分内容感到有些困惑，不过在后续的每一章节中，我们都会尽力帮助学生理解这些内容的意义。现在就邀请有兴趣的学生加入我们，一起开启一段美好的旅程。

刘佳
2023 年 10 月 10 日

目录

第一章　旅行装备　　1

一、校园宇宙线探测器单元　　/2

二、缪子望远镜　　/4

三、宇宙线探测器阵列　　/4

四、数据格式　　/6

第二章　电荷消失之谜　　9

一、谜题起源　　/10

二、搜寻源头　　/12

三、重寻宇宙线　　/16

第三章　宇宙线对我们有害吗　　18

一、缪子的流强　　/19

二、缪子对人体是否有影响　　　　　　　　　　/24
三、缪子成像技术的应用　　　　　　　　　　　/25

第四章　追逐光的速度　　　　　　　　　　28

一、光速测量实验的历史　　　　　　　　　　　/29
二、如何测量宇宙线速度　　　　　　　　　　　/34

第五章　缪子寿命的测量　　　　　　　　　　42

一、"全新"的粒子　　　　　　　　　　　　　/43
二、指数衰变规律　　　　　　　　　　　　　　/45
三、捕捉来自天空的缪子　　　　　　　　　　　/47
四、找出衰变的缪子　　　　　　　　　　　　　/48
五、缪子为什么能穿过大气　　　　　　　　　　/50

第六章　生命的保护伞——广延大气簇射　　　53

一、广延大气簇射的发现历程　　　　　　　　　/54
二、什么是广延大气簇射　　　　　　　　　　　/59
三、如何探测广延大气簇射　　　　　　　　　　/65
四、大气保护了生命　　　　　　　　　　　　　/70

第七章　原初宇宙线带电吗　　　　　　　　　73

一、宇宙线本质猜想与争论　　　　　　　　　　/74

二、检验原初宇宙线是否带电　　　　　　　　　　　　/78

三、空间实验的直接测量　　　　　　　　　　　　　　/85

第八章　原初宇宙线带正电　　　　　　　　　87

一、如何判断粒子带正电还是负电　　　　　　　　　　/88

二、探索原初宇宙线带电的正负　　　　　　　　　　　/90

第九章　日源说　　　　　　　　　　　　　　97

一、认识太阳　　　　　　　　　　　　　　　　　　　/98

二、赫斯的高空气球之旅　　　　　　　　　　　　　　/99

三、地面"玩具"探秘　　　　　　　　　　　　　　　/99

四、上天入海探究宇宙线的起源　　　　　　　　　　　/104

后　记　　　　　　　　　　　　　　　　　　109

附录一　水桶里的宇宙线　　　　　　　　　111

一、切伦科夫辐射　　　　　　　　　　　　　　　　　/111

二、水切伦科夫探测器的搭建　　　　　　　　　　　　/115

三、实验研究　　　　　　　　　　　　　　　　　　　/118

附录二 云雾室操作手册 　　121

一、实验原理 　　/121

二、云雾室搭建流程 　　/123

三、注意事项 　　/128

四、问题及解决方法 　　/128

参考文献 　　129

第一章
旅行装备

这场旅行已安排妥当,请先别着急出发,带上这些旅行装备吧,它们是旅行中翻越重重山峦的"登山杖",是无畏蹚过湍急河流的"绳缆"。请在出发前了解一下需要准备的两套旅行装备:一套是缪子望远镜,另一套是宇宙线探测器阵列。这两套装备都由原理相同的探测器单元组成,不同的组合方式在旅行中发挥着不可或缺的作用。

一、校园宇宙线探测器单元

校园宇宙线探测器的核心是一种被称为塑料闪烁体的材料。在地表,我们能探测到的宇宙线绝大部分是缪子。它们会在塑料闪烁体内损失一部分能量,而塑料闪烁体会将这部分能量的一部分转换成波长与可见光接近的光子并释放出来。这些闪烁光子中,有一部分会进入到光电倍增管(PMT)中(光电倍增管下称 PMT)。PMT 通过光电效应,将光子转换为光电子,再逐级放大,最终产生电信号。这样,当有一个粒子打到探测器

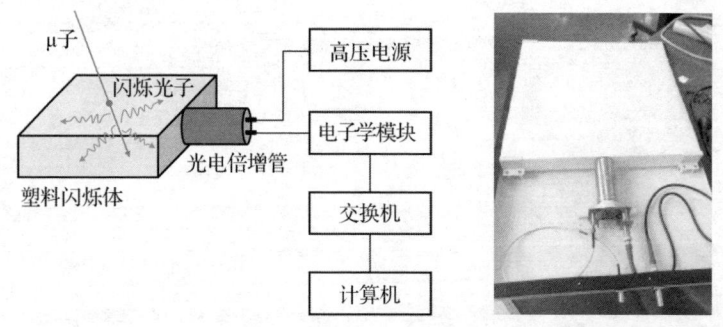

图 1-1 校园宇宙线探测器的原理和实物照片

上时,探测器就会输出一个电压信号。电子学模块对电压信号进行处理和记录,然后通过数据获取系统保存到计算机上。

电子学模块对电压信号的处理包括对电压信号的快速甄别,记录电压信号过阈时间及过阈宽度。如图1-2所示,电压信号过阈时间就是电压信号低于阈值的开始时间,过阈宽度就是电压信号低于阈值的结束时间与开始时间之差。由于地面上测量到的几乎都是能量相近的缪子,因此每个电压信号的形状应该相同。如果某个电压信号特别大或特别宽,说明同时有许多缪子击中了探测器。简而言之,过阈时间代表缪子的到达时间,过阈宽度表征同时击中探测器的缪子数。有了这样的探测器单元,就可以直接记录宇宙线击中探测器的时间和同时击中探测器的宇宙线粒子数,并且记录时间的精度可以达到ns(纳秒,时间单位,1 ns＝1×10⁻⁹ s)量级。

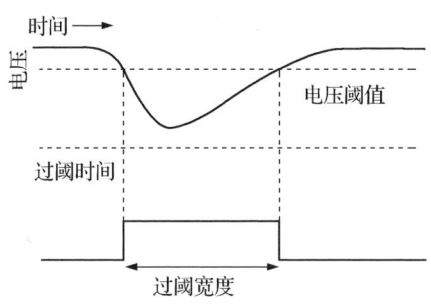

图1-2 电子学模块记录的电压信号

二、缪子望远镜

缪子望远镜,如图 1-3 所示,其主体由两台单元探测器和一个可旋转固定成各种倾斜度的支架构成。每台单元探测器由一块 40 cm×40 cm×4 cm 的塑料闪烁体直接耦合一直径 1.5 in(英寸,长度单位,1 in≈2.54 cm)的 PMT

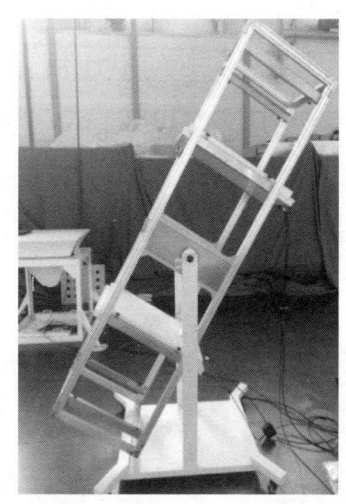

图 1-3　缪子望远镜实物照片

组成,时间分辨优于 1.5 ns。两台单元探测器之间的距离及望远镜指向均可调整。

三、宇宙线探测器阵列

空气光导探测器的主体由塑料闪烁体、空气光导箱和 PMT 构成,如图 1-4(b)所示,其中,塑料闪烁体的尺寸为 70 cm×70 cm×2 cm,光敏器件选用 3 in"牛眼型"PMT,单元探测器的时间分辨优于 2 ns。5 台空气光导探测器排列在地面上,构成了宇宙线探测器阵列[图1-4(a)]。该阵列可以放在屋顶、室内或其他安全地点。

当一个原初宇宙线与大气相互作用时,发生广延大气簇射,产生的次级粒子几乎都按照原初宇宙线的方向平行飞行。当多个粒子几乎同时击中几台或全部空气光导探测器时,通过对击中探测器的时间差进行测量,我们可以重建出原初宇宙线的方向。阵列收集到的粒子数越多,表示原初宇宙线的能量越高。

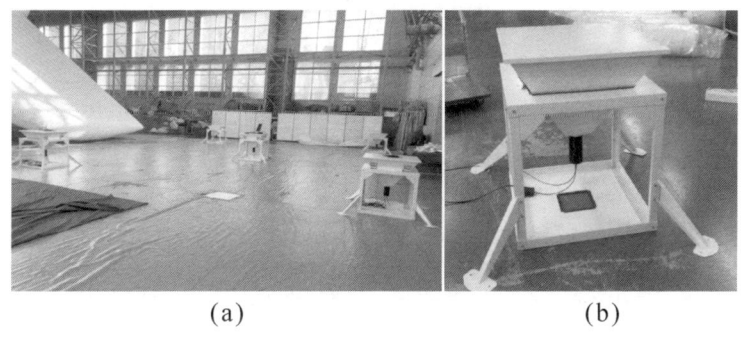

(a)　　　　　　　　(b)

图1-4　宇宙线探测器阵列(a)和空气光导探测器(b)

在探测器组装测试的场地里,将探测器做如图1-5(a)的排布,马上测量到了符合信号,如图1-5(b)所示,也就是说成功测到了广延大气簇射事例,"粒子雨"原来无处不在呢。

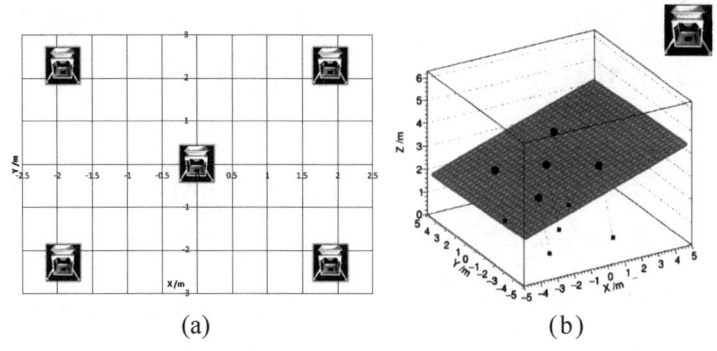

图1-5 探测器阵列(a)和阵列重建的一个宇宙线事例前锋面(b)

四、数据格式

既然旅行装备性能如此优异,那么它们产生的数据又该如何处理呢?考虑到大家对数据的理解深度,我们已经为大家设计好了数据格式,使其易于理解和处理。图1-6展示了缪子望远镜的数据,其事例信息由计算机记录,并用电子表格软件存储。缪子望远镜有两台探测器,其通道的名称分别为ch0和ch1。

A、B列显示了一个宇宙线缪子事例触发探测器系统的秒级时间和纳秒级时间,两者相加即为该事例的绝对时间。C列表示宇宙线事例的序列编号,D、F列分别表示探测器ch0和ch1记录到的宇宙线粒子信号的过阈时间,E、G列分别表示探测器ch0、ch1记录到的宇宙

	A	B	C	D	E	F	G	H
1	ev_time_s	ev_time_ns	trg_num	ch0_t2	ch0_w	ch1_t2	ch1_w	delta_t
2	1657692110	407588000	0	122	48	118	62	=F2-D2
3	1657692110	638209024	1	114	74	108	28	-6
4	1657692110	836963200	2	102	16	96	70	-6
5	1657692110	859067104	3	96	24	96	58	0
6	1657692111	108528352	4	122	54	120	72	-2
7	1657692111	267315776	5	128	46	124	64	-4
8	1657692111	556270560	6	112	48	108	56	-4
9	1657692111	708887968	7	120	60	118	52	-2
10	1657692111	790529536	8	110	54	108	54	-2
11	1657692111	936818048	9	98	72	94	84	-4
12	1657692112	44997344	10	108	52	106	50	-2
13	1657692112	165841248	11	122	70	118	64	-4
14	1657692112	276838816	12	112	50	110	54	-2
15	1657692112	376965280	13	126	32	124	62	-2
16	1657692112	448263616	14	120	58	116	56	-4
17	1657692112	466917472	15	128	64	126	62	-2

图 1-6 缪子望远镜的数据显示

线粒子信号的过阈宽度。

如果想知道这个宇宙线缪子经过缪子望远镜两个探测器单元的时间,就可以通过 H 列进行操作,即用 F 列的数值减去 D 列的数值来计算探测器记录的粒子信号的到达时间之差,也就是宇宙线粒子飞过两个探测器单元之间的耗时。宇宙线探测器阵列由 5 台空气光导探测器组成,通道就不只有两个了,另外还有 3 个通道(ch3,ch4,ch5)。原初宇宙线的信息,就可以用 5 台空气光导探测器和一台计算机,以及电子表格软件推算出来,是不是很厉害?原来你也能成为宇宙线研究的"大神"了!

小结

1. 缪子望远镜和宇宙线探测器阵列采用的探测器单元原理一致，结构相似。
2. 缪子望远镜和宇宙线探测器阵列的数据存储结构一致，方便分析数据。
3. 希望宇宙线发现之旅的旅行装备能帮助你顺利完成这次科学探索之旅，留下美好的旅行经历。

第二章
电荷消失之谜

当你伸出手掌朝向天空的短暂瞬间,就有成百上千来自宇宙的射线悄无声息地穿过你的身体。从库仑记录下不起眼的空气电离现象开始,到赫斯通过气球实验验证空气电离的原因为止,发现与探索宇宙线的过程,人们花费了近一个半世纪的时间。在这一章节里,我们将详细了解宇宙线的发现过程,并在校园宇宙线探测器的帮助下,重新踏上宇宙线发现之旅。

一、谜题起源

17世纪,近代科学的先驱伽利略制作了人类历史上第一台天文望远镜,并用其观测星空,从此,人们对宇宙的认识不再只有想象,而有实体——月亮表面有环形山,金星有盈有亏,木星有自己的卫星,太阳表面会突然出现黑子。到了18世纪,人们对电现象有了初步的认识。1785年,库仑向法国皇家科学院提交了多份关于电磁现象的研究报告。其中一份报告详细记录了他通过一个基于验电器原理制作的扭力天平实验装置得出的结论:由于空气的作用,该装置的电量不能永久保持,总会以自发放电的形式泄漏。此后,有多人研究过空气电离的问题,引出了一个困扰了人类近一个半世纪的空气电离之谜。

自然界存在正、负两种电荷,同种电荷相斥,异种电荷相吸。丝绸摩擦过的玻璃棒会带正电,而用毛皮摩擦过的橡胶棒会带负电。一旦让它们接触验电器上方的导体片，其自身所带的电荷会传到玻璃罩内的金属箔片上。由于同种电荷相互排斥，金属箔片将自动张开，并会张成一定角度。根据两金属箔片张角的大小，可计算物体带电量的大小。但是金属箔片的张角会随着时间慢慢变小，也就是说电荷减少了，电荷被某个"小偷"悄无声息地偷走了！

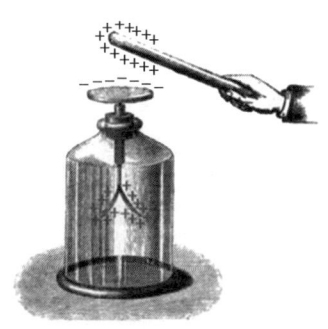

图 2-1 验电器实验示意图

1903 年，英国的物理学家卢瑟福在库仑结论的基础上，怀疑"小偷"是辐射。辐射导致大气电离，产生正、负离子，这些正、负离子碰到金属箔片，中和了金属箔片上的电荷。于是，他用铁板和铅板把验电器完全屏蔽起来。虽然电离速率减少了约三分之一，但验电器内部的空气还是会发生电离，大约每秒每立方厘米产生 10 对离子。卢瑟福在论文中提出设想，也许有某种贯穿力极强的辐射穿过铁板和铅板进入了验电器，引发了空气电离。现在，嫌疑聚焦在辐射这个"小偷"身上了，而且这个"小偷"并不普通，是可以自如穿过由铅板和铁板组成的"密室"的"怪盗"。那么这个神秘的"怪盗"的老巢在哪里呢？

如果空气的电离是由于辐射造成的，那么就应该有相应的放射性物质源存在。就像火源是一个会向外辐射热量的辐射源，当我们靠近火源时，就会获得更多热量，从而感到热；远离火源时，就会感觉到冷。

二、搜寻源头

当时，人们对于辐射的认知还停留在"它们来自放射性物质衰变"的水平。法国物理学家贝克勒尔将铀盐矿石和感光底片放在黑暗的抽屉里，几天后，发现感光底片仍然曝光了。他认为可能是这些矿石的放射性导致的，并因此成为最早发现天然放射性的科学家。当时的人们相信地壳中的放射性物质产生辐射导致空气电离，卢瑟福自然也这么认为，但他给出了检验方法：如果这些辐射来自地壳中的放射性物质，那么辐射强度应该随着离地面高度的增加而减弱。

为了确认辐射的来源，法国科学家沃尔夫测量了德国、荷兰和比利时等地的空气电离速率,观测结果与他所假设的空气电离的辐射来自地表表层的放射性物质一致。1910年,他带着更加灵敏可靠的新型验电器登上巴黎324米高的埃菲尔铁塔,测量了塔顶和地面两种高度下的辐射强度。他发现空气电离现象随着高度增加而减弱,在塔顶的辐射大约是地面的64%。这一结果无疑支持了卢瑟福通过屏蔽验电器得出的结论:辐射似乎来自地底。但是,减弱的比例低于沃尔夫的理论预期,没有确证他的假设。这个"怪盗"狡猾得很,往往会留下许多假线索,误导人们去完全相反的地方寻找。事实上,建造埃菲尔铁塔采用的钢铁有一定的放射性,这部分额外的放射源干扰了沃尔夫的测量结果。

仅凭一次测量并不能确证辐射来自地底,需要收集更多的证据。在沃尔夫的实验后,意大利物理学家帕西尼分别在陆地和海上进行了多次实验。"怪盗"在这个时候不小心露出了马脚,帕西尼在远离岸边的一艘船上测到的空气电离速率比陆地上低30%,说明地面确实存在放射性,但不是空气电离的全部原因。此外,他还在水下进行了实验,发现与水面相比,水下3米处的辐射量减小了20%,说明水体屏蔽了一部分辐射,而在当时,水体自身的辐射已经被证明可以忽略,这说明有一大部分辐射是来自于大气中。他最后得出了与前人不

同的结论,即地面的放射性对空气电离仅贡献了一部分!大气中存在一种与地壳中的放射性物质无关的穿透性辐射。

这让人们开始怀疑,"怪盗"的老巢其实在天上。1912年8月,赫斯进行了一次历史性的气球飞行。随着海拔的上升,电离速率先是缓缓减少,随后快速升高。到了海拔5300米处,电离速率增加到海平面的3倍左右。他得出结论,穿透性辐射是从上方进入大气层的,并发现辐射源来自天上,它们让空气电离。人们似乎抓住了"怪盗"的把柄。量子力学奠基人之一薛定谔后来通过计算表明:在海拔3000米处,存在使空气电离的放射性,其中一部分由地表产生,另一部分则源自大气层外。随着海拔进一步升高,地面贡献的放射性减少,而来自大气层外的放射性却在不断增强,总体上空气的电离程度增加了。

然而,赫斯大胆的结论在当时并未被所有人接受,其中包括因第一个测量出电子电荷量而闻名的美国物理学家密立根。密立根将探测器放在无人操作的气球上,在15000米的高空测得的辐射强度不到赫斯测量结果的四分之一。根据这个不同于赫斯的结果,密立根认为根本不存在来自地球之外的辐射,穿透性辐射都来自地面。"怪盗"在自己的老巢前做了很多隐藏自己踪迹的工作,让人们在真相面前兜兜转转。但随后的实验结果证明,两人实验中测量到的辐射量差异是由美国德州和中欧的地磁场差异所引起的。

1926 年,密立根在加利福尼亚州群山中的缪尔湖和箭头湖进行实验,将探测器放置于水下以测量电离速率。通过比较电离速率与湖水深度的关系,他发现,在相同水深的情况下,探测器在缪尔湖测得的电离速率快于在箭头湖测得的结果。只有将缪尔湖的探测器再往深处下放两米时,两处的电离速率才接近。也就是说,两米深的水对辐射的吸收作用与近 2000 米厚的空气相当。这一结果使密立根和更多的人相信了赫斯"辐射一定来自天上"的结论。"怪盗"的身份和老巢终于被科学家调查得一清二楚:它们实际上是来自宇宙的高能粒子。密立根为这些"怪盗"取名为"宇宙线"。

最终,赫斯的发现被证明是正确的,并于 1936 年获得了诺贝尔物理学奖,这也是宇宙线研究历史上的第一枚"诺奖"。赫斯的气球实验无疑是科学探索史上最为壮美的一次飞行。诺贝尔物理学奖委员会指出,赫斯的发现开启了理解物质结构和起源的远景,证明了一种地球外穿透性辐射的存在——宇宙线,比发现辐射的粒子性和辐射强度随高度变化更加重要。

1911~1913 年,赫斯带着验电器一共进行了 10 次飞行。那个时代的气球飞行可不能携带用于缓解高原反应的氧气瓶，赫斯不仅要克服缺氧、高寒和强风等艰苦条件进行科学测量，还要指挥助手控制航线。每次飞行不仅是一次科学上的探险，更是一场挑战生命极限的冒险。在气球下的小小吊篮里，赫斯在罕有人至的高空中紧张地进行测量，脚下是被云层覆盖的城市，这一幕深深地印刻在一代又一代研究宇宙线的科学家的脑海中。

三、重寻宇宙线

现在已有比验电器更加强大而精确的探测器，我们可以利用校园宇宙线探测器来重新证明宇宙线作为电荷"怪盗"使空气电离，并且它们来自天空。

缪子是海平面上测量到的宇宙线中含量最丰富的粒子，速度接近真空中的光速，并且穿透性极强。而"怪盗"的本领是有限的，只有部分本领高强的"怪盗"才能穿过层层阻碍，偷走验电器上的电荷。缪子正是这样的"怪盗"，但它仍然会被物体所阻挡，例如水、大气、头顶的天花板等。因此，我们可以通过校园宇宙线探测器，看一看头顶的天花板是如何阻挡这些"怪盗"的。我们可以将校园宇宙线探测器放置在校舍的不同楼层，统计单位时间内每层楼的缪子数,计算每层楼的缪子频数。通过比较不同楼层的缪子频数,就会发现缪子频数会随着天花板累计厚度的增加而减少,说明缪子确实是来自天上,也就是说地面的放射性物质并不是空气电离的主要来源,"怪盗"来自天上。实验中用的校园宇宙线探测器对地表辐射不敏感,可以避免前人用验电器测量时遇到的诸多困扰。

图 2-2　宇宙线会受到天花板的阻挡

小结

1. 天上的宇宙线使空气电离,地表可能存在的放射性物质贡献较小。
2. 宇宙线穿过物质,有一部分会被"吸收"和"散射",导致探测器计数率减少。

第三章
宇宙线对我们有害吗

我们已知,使空气电离的辐射是来自地球之外的高能粒子——宇宙线。在我们周围,很多人都会"谈辐射而色变"。此时不禁要问,宇宙线的辐射会对我们的健康造成危害吗?宇宙线在我们的生活中有什么用处吗?在这一章节中,我们将利用缪子望远镜测量周围宇宙线缪子的流强,然后利用所学知识计算每秒有多少缪子穿过我们的身体,进而估算缪子在身体内造成的辐射剂量。最后,我们将简单讲述一下缪子成像技术的应用。

一、缪子的流强

(一) 缪子的流强概念

缪子流强的概念类似于降雨强度的概念。降雨强度是指单位时间内的降雨量,单位为 mm/h、mm/min 或 mm/s。一般通过雨量器测量降雨量,如图 3-1 所示。测量降雨量,假设雨量器上方漏斗的开口面积为 A,经过时间 T,收集到了体积为 V 的雨水。用收集到的雨水的体积除以漏斗的开口面积与收集雨水时间的乘积,就可以得到 T 时间内的平均降雨强度 F,如式(3

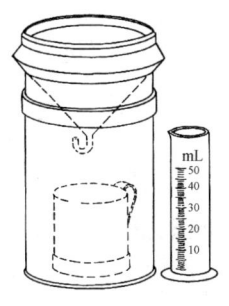

图 3-1 雨量器示意图

-1)所示。F 越大说明雨下得越急,反之雨下得越缓。

$$F_{雨} = \frac{V}{AT} \qquad (3-1)$$

类似于降雨强度的计算,单位时间、单位面积内收集到的缪子数目可以视为缪子的强度,我们称之为缪子的流强。

(二) 缪子的流强测量

缪子的流强可以用缪子望远镜来测量。缪子望远镜的两台探测器通过符合法测量(关于符合法测量可以参考第六章的介绍)以排除噪声。空气中有一些游离的粒子,比如地面的放射性物质衰变产生的粒子,这些粒子也可以触发探测器,但这不是我们想要的缪子,而是噪声。那么如何保证测量到的信号是缪子而不是噪声呢?可以利用它们的差异进行区分,来自天上的缪子速度接近光速,且具有很强的穿透性,可以穿透并触发两台探测器,而地面的放射性物质衰变产生的粒子则很难穿透并触发两台探测器。两台探测器一上一下,一前一后测量到信号,即上面的探测器测量到的时间比下面的探测器测量到的时间早,并且时间差与探测器距离除以光速相当,说明是缪子先后穿过了两台探测器,这样可保证测量到的信号是缪子产生的。

我们将缪子望远镜指向天顶的方向,然后测量两台探测器相隔一定距离时缪子的数目 N,并通过式(3-2)计算缪子的流强。其中 A 是探测器的面积,T 是测量时间。探测器的面积 A 是已知的,只需要统计在一段时间 T 内有多少缪子的数目 N,就可以计算出缪子的流强。

$$F = \frac{N}{AT} \quad (3-2)$$

通过测量我们发现缪子的流强随着两台探测器的间距改变而发生了变化,如图 3-2 所示。当两台探测器间距为零时,缪子的流强约为 150 个/($m^2 \cdot s$),即海

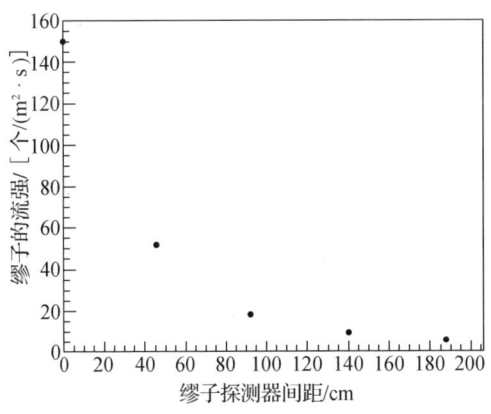

图 3-2　缪子的流强随探测器间距的变化

平面上缪子的流强;随着两台探测器间距逐渐增大,所测量到的缪子的流强逐渐减小。为什么随探测器间距的增加,缪子的流强变低了呢?这是因为缪子的方向不同于下雨时雨滴的方向,下雨时所有的雨滴自上而下,而缪子却是来自各个方向的(下面除外)。两台探测器的距离越远,探测器所能覆盖的立体角范围越小,因此收集到的缪子的数目 N 也就会随之减小。故在缪子的流强计算中还应该除以探测器所能覆盖的立体角的大小,考虑立体角后,缪子的流强计算公式如(3-3)所示,单位为个/($m^2 \cdot s \cdot Sr$),此处 Ω 表示立体角。

$$f = \frac{N}{AT\Omega} \qquad (3-3)$$

(三) 缪子的流强是各向同性的吗

既然缪子来自四面八方,我们不禁要问,缪子的流强在各个方向上是一样的吗?也就是说,缪子的流强是各向同性的吗?固定两台探测器之间的距离,这样就可以选出特定立体角范围内的缪子,然后改变缪子望远镜支架的方向,使得缪子望远镜指向特定的天顶角,这样就可以实现对不同方向的缪子进行测量。需要注意的是,在整个实验过程中要保持两台探测器之间的距离不变,这样缪子望远镜所能覆盖的立体角就不会发生变化。又因为探测器的面积恒定不变,因此可以用缪子望远镜指向不同天顶角时的计数率来表示来自不同天顶角的缪子的流强大小。

通过测量不同天顶角的特定立体角范围内的缪子计数率,我们发现,缪子计数率随着天顶角的增大而逐渐变小,如图3-3所示。

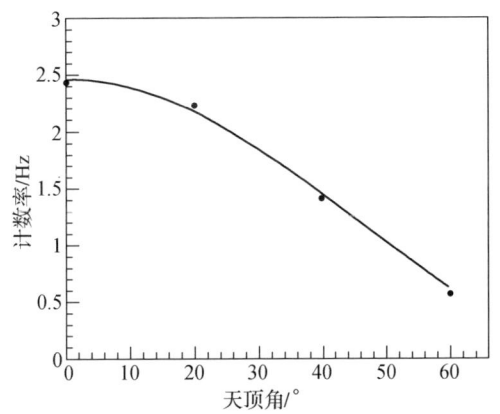

图3-3 缪子计数率随探测器指向天顶角的变化

(两台探测器拉开1米后)

缪子在大气中飞行时不断以电离的方式损失能量,当缪子的能量损失到一定程度时,便会很快发生衰变。穿过的物质越多,衰变掉的缪子就越多。来自大天顶角的缪子相对于来自小天顶角的缪子,需要穿过更多的空气才能到达地面,因此能量损失更多,故而衰变掉的也更多。因此,大天顶角的缪子的流强要比小天顶角的缪子的流强小,所以缪子的流强并不是各向同性的。

二、缪子对人体是否有影响

缪子和 X 射线一样,在穿过人体时会发生电离辐射,都会在人体内沉积部分能量,对人体产生一定影响。影响的大小取决于沉积在人体内能量的多少。缪子穿过人体时对人体具体有多大影响,可以根据缪子的流强、缪子的电离能损率以及人体特征来估计。

首先,人体的密度与水的密度相当(人在水中吸足气,体积增大就能浮起,呼出气就会下沉,表明人体的平均密度约等于水的密度 $1~\text{g}/\text{cm}^3$)。

其次,缪子每穿过 1 cm 的水体所损失的能量为 3.2×10^{-13} J。假设人体的厚度为 30 cm,那么一个缪子穿过人的身体时,沉积在人体内的能量约为 9.6×10^{-12} J。

接下来的问题是,每秒有多少缪子穿过人的身体? 要回答这个问题,我们需要知道缪子的流强和人体的面积。根据测量,我们知道海平面上缪子的流强约为 150 个$/(\text{m}^2\cdot\text{s})$,人平躺时的面积大约 1 m^2。有了这些数据,可以得到穿过人体的缪子个数约为 150 个/s,相应沉

积的能量约为 1.5×10^{-9} J/s。

我们把这个数字的单位转化为衡量辐射剂量常用的单位 Sv(希沃特,1 Sv 等于 1 kg 的物质吸收 1 J 的能量),一个体重 50 kg 的人受到缪子的辐射剂量约为 3×10^{-11} Sv/s,相当于 0.9 mSv/a。该结果与辐射强度网站提及的海平面的宇宙线辐射强度 0.27 mSv/a 较为接近,但仍存在差别。之所以有差别,是因为我们所考虑的模型过于简单。首先,我们并非一直处于平躺状态,当我们站立时接收到的缪子数会减少。其次,我们身体的各个部位并非都厚 30 cm,例如,胳膊的厚度远小于 30 cm。因此,我们的计算可能高估了缪子产生的辐射剂量。缪子在 9 年内产生的辐射剂量与做一次计算机断层扫描(CT)的辐射剂量相同,即使在高估的情况下,缪子对人体健康的影响也是非常小的。

三、缪子成像技术的应用

由于人体组织有密度和厚度的差异,当 X 射线穿过人体不同组织时,被吸收的程度不同,根据 X 射线强度的变化可以实现对人体组织的成像。医院中所用的 X 射线透视和 CT 就是利用这一原理。X 射线并不能穿透非常厚的物体,而缪子可以穿透非常厚重的物体,据此科学家们研发了测量厚重物体的缪子成像技术。

1955年,有研究团队首次利用缪子成像技术,测量了澳大利亚一处隧道上面岩石的厚度。

2015年,利用缪子成像技术,法国科学家发起了"扫描金字塔"项目。他们在金字塔外部不同位置测量穿过金字塔的缪子的流强,以实现对金字塔内部结构的成像,即为金字塔进行一次大型的缪子CT。当缪子通过金字塔时,会像在空气中、人体中一样发生电离能损而损失能量。穿过的物质越多,损失的能量越多,缪子的流强也会因此变小。据此可推算出金字塔内部的物质分布情况。"扫描金字塔"项目利用此技术,发现在胡夫金字塔内部可能存在一个大型密室,该成果发表在《自然》杂志上。这一发现是现代科学技术在考古上的一次完美应用。

缪子成像技术还可以应用于地球物理学。类似于"扫描金字塔"的方式,利用缪子成像技术测量火山内部结构,可以实时监测火山内部物质的变化,从而预测火山喷发等,其被誉为"看穿大地的眼睛"。

第三章 宇宙线对我们有害吗

小结

通过这一章节的介绍,我们掌握了利用缪子望远镜测量缪子的流强的方法,知道了缪子的流强的单位为个$/(m^2 \cdot s \cdot Sr)$,缪子的流强并不是各向同性的,会随着天顶角的增大而减小。

同时,根据实验结果,构造了简单的人体模型,计算了缪子在人体内所产生的电离辐射剂量,得出了缪子所产生的电离辐射剂量对人体健康的影响非常小的结论。根据缪子穿过物质越多,缪子的流强越低的现象,科学家们还研发了缪子成像技术,可以对火山、冰川、古建筑等进行扫描,来研究其内部结构。

第四章
追逐光的速度

宇宙线作为宇宙中的物质样本,运动速度是否有上限?早在宇宙线被发现的几年前,爱因斯坦在 1905 年发表的狭义相对论中已经给出了答案:任何有质量的物体的运动速度都必须小于真空中的光速,即 299792458 m/s。

宇宙线缪子的平均能量约为 4 GeV(eV 为电子伏特,能量单位,表示一个电子经过 1 伏特的电位差加速后所获得的动能,GeV 为十亿电子伏特,1 GeV=10^9 eV)。根据狭义相对论,这些粒子的速度为光速的 99.96%,非常接近光速。

宇宙线就像光速炮弹一样从外太空飞到地球上,速度如此之快,那么如何精确测量其速度呢?这需要从物质运动的最快速度——光速的测量历史谈起。

一、光速测量实验的历史

(一) 伽利略的光速测量实验

在 17 世纪之前,狭义相对论尚未建立,人们普遍认为光的速度是无限大的,开普勒和笛卡尔都对此深信不疑。伽利略却提出了一个与众不同的观点,他认为光的速度虽然很快,但仍然是有限的,并且可以被测量。大约在 1600 年,伽利略设计了一个测量实验,让两个实验员 A、B 分别站在距离约 1.5 千米的两座山的山顶,每个人手里都拿着一盏灯。如图 4-1 所示,A 首先遮住自己的灯,B 看到 A 遮住灯之后立刻遮住自己的灯。从 A 遮住灯到看到 B 遮住灯的时间间隔 Δt 里,光刚好在两人之间传播了一个来回,传播距离 $l=2d$,通过测定距离和时间可以计算出光速 $v = l/\Delta t$。然而,这个实验并没有成功,这是因为人的反应时间和遮住灯的时间在秒量级,而光在两山顶之间的传播时间约为 10 μs(微秒,时间单位,1 $\mu s = 10^{-6} s$),因此这个实验不可能测出光速。伽利略也承认,他没有通过这个实验测出光速,也无法判断光速是有限的还是无限的。

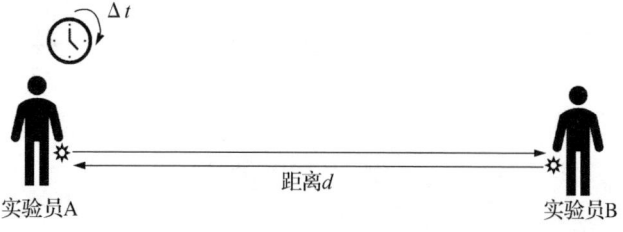

图4-1 伽利略设计的光速测量实验示意图

我们来定量分析一下这个实验的测量精度。按照误差传递公式,速度的误差σ_v和距离的测定误差σ_l及光传播时间的测定误差$\sigma_{\Delta t}$直接相关,它们之间的关系如式(4-1)所示。

$$\frac{\sigma_v}{v} = \sqrt{\left(\frac{\sigma_l}{l}\right)^2 + \left(\frac{\sigma_{\Delta t}}{\Delta t}\right)^2} \qquad (4-1)$$

假设距离的测定误差足够小,可忽略不计,那么要使速度的误差小于10%,时间的测定误差必须控制在光传播时间的10%以内。这意味着伽利略实验的计时精度至少要达到1 μs,才能有效测定光速,而伽利略设计的实验无法达到这个精度。

(二) 木卫一蚀测量法

木星是距离太阳第五近的行星,也是太阳系中体积最大的行星,约 11.9 年绕太阳一圈,它周围环绕着数十颗卫星。其中木卫一是最靠近木星的卫星,42.5 小时绕木星一圈。木卫一的轨道平面非常接近木星绕太阳公转的轨道平面。如图 4-2 所示,地球绕着太阳在公转轨道上沿逆时针方向运动,木卫一也绕着木星沿逆时针方向运动。每当木卫一转到木星背面时,太阳光无法照射到木卫一,地球上的观测者就看不到这颗卫星了,这种现象被称为木卫一蚀。

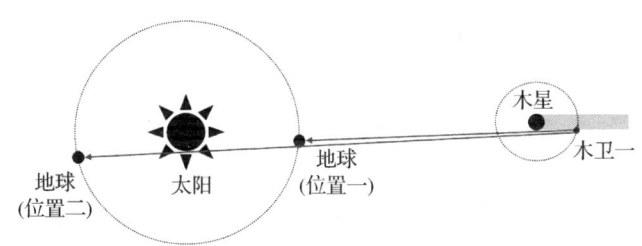

图 4-2 木卫一蚀现象示意图
(为了效果明显,该图中星球的尺度、间距和运行轨迹的比例有所调整)

在 17 世纪,天文学的发展使得人们可以计算出木卫一围绕木星运行的周期,并预测出它在地球上可以被观测到的时间。1671～1673 年,丹麦天文学家罗默对木卫一进行了多次观测。他发现木卫一蚀出现的时间与计算结果存在一些差异。具体而言,当地球和木星距离最近时(图 4-2 中地球处于位置一附近),木卫一蚀出现的时间周期比平均值短约 11 分钟;而当地球和木星距离最远时（图 4-2 中地球处于位置二附近），木卫一蚀出现的时间周期比平均值长约 11 分钟。

罗默通过这个现象推断光速是有限的。他意识到，在一年之中，地球和木星之间的距离是不断变化的，因此木卫一蚀的光传播到地球所需的时间也是不同的。这 22 分钟的差值是光走过地球和木星之间的最大和最小距离（等于地球公转轨道直径）所需的时间差。在 1676 年，罗默公开了这一推测以及相应的观测数据。虽然他本人没有亲自计算出光速的数值，但其他天文学家利用他的数据进行了计算，得出光速约为 2.2×10^8 m/s。由于当时计时误差较大（实际上光传播到地球的时间约为 8 分钟，而不是 11 分钟），而且人们还无法准确计算出地球公转轨道的直径，这个测量值与现代精确测量值相差很大，误差约为 30%。但这仍然是一个了不起的成就，人类第一次观察到光速是有限的，并且正确地估算出光速的数量级。

（三）旋转棱镜法

1877～1879 年，美国物理学家迈克尔逊改进了傅科发明的旋转棱镜，并利用这套装置精确测量了光速。图 4-3 为实验装置的示意图，在相隔较远的两处分别放置八面镜 M_1 和反射装置 M_2、M_3。当一束光从光源 S 发出，经过八面镜中的镜面 1 反射后传播到远处的反射装置 M_2，再通过 M_2 和 M_3 反射回八面镜，最终经过镜面 3 反射后进入观察目镜 R。只有当八面镜处于如图 4-3 所示的特定角度时，观察目镜处才会有光。装置 M_1 和 M_2、M_3 之间相距千米量级，如果八面镜转动一个微小角度，镜面 1 反射的光就无法照射到 M_2，观察目镜 R 上看不到光。

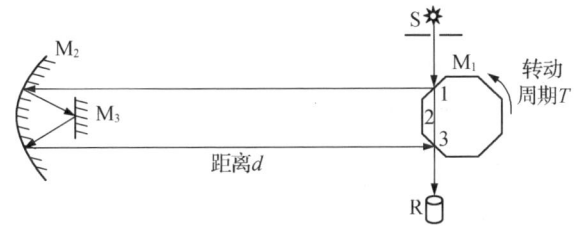

图 4-3 迈克尔逊测量光速装置示意图
（为了效果明显，该图中实验装置的比例经过了放大）

当八面镜旋转起来，旋转角速度逐渐增大，会发现在某个角速度下又可以从观察目镜中看到光了。这是因为光线从镜面 1 反射到达 M_2 再返回八面镜时，八面镜刚好转动了 1/8 圆周（即 45°），镜面 2 刚好转到镜面 3 的位置，将光线反射到观察目镜。由于人眼存在"视觉暂留"，观察者从观察目镜中会一直看到光。假设 M_1、M_2 两套装置相距为 d，八面镜转动周期为 T。由于 d 远大于装置部分的尺度，所以光传播的距离近似

为 $l=2d$，光传播的时间间隔 $\Delta t=T/8$，可以计算光速 $v=l/\Delta t=16d/T$。

根据这个原理，迈克尔逊将这套旋转棱镜装置分别安装在相距很远的位置。只有在一年中天气最好的时候，并且在日出后和日落前约一个小时大气条件最佳的情况下，才能在观察目镜中看到稳定的像。这个实验历时三年多，共得到几百组数据，最终测得的光速值为 299853 ± 60 km/s。1923 年，迈克尔逊利用新改进的旋转棱镜，在加利福尼亚的两个相距约 35 千米的山头之间重做了这个实验，测得的光速是 299798 ± 4 km/s。这是当时得到的最精确值，与现代物理采用的光速值仅差十万分之二。

二、如何测量宇宙线速度

回顾这段历史，我们可以发现，无论是木卫一蚀测量法还是旋转棱镜法，它们的原理都是通过光的传播距离和传播时间之比来测量光速。关于这类实验，只有当距离测量的相对误差和时间测量的相对误差都控制在合理范围内时，测量结果才是有效的。因为光速非常快，实验设计者都不约而同地将光源和接收器的距离拉大，让光传播得更远一些，传播时间更长一些，从而降低时间测量的误差。

宇宙线缪子的速度非常接近光速。按照光速计算,缪子穿过 1 m 距离的飞行时间仅为 3.3 ns。为了使速度的测量误差小于 5%,时间间隔的测量误差必须控制在 0.16 ns 以下,因此时间测量需要非常精确。我们已经对闪烁体探测器有了一定的了解,闪烁体探测器的时间分辨率在 1 ns 左右。我们可以利用缪子望远镜来完成这个实验,通过测量宇宙线缪子在间距为 d 的两台探测器之间的飞行时间来确定其速度,如图 4-4 所示。

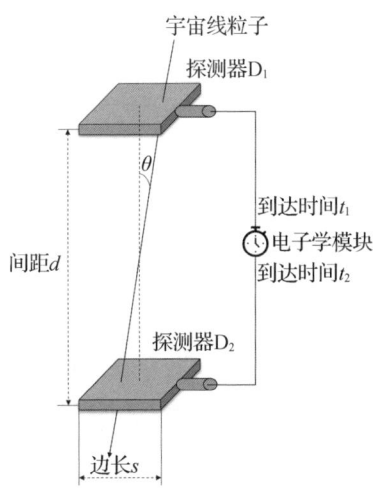

图 4-4 缪子速度测量示意图

当缪子进入闪烁体探测器 D_1 时,会将一部分能量沉积在闪烁体中,将闪烁体的原子或分子激发,这些受激原子或分子自发退激时会发出荧光。这些荧光被PMT收集,经过光电效应转换为电子,然后进行几百万倍的放大,形成一个电脉冲信号。这个电脉冲信号经过约 3 m 长的电缆线传输到电子学模块,电子学模块将这个信号的到达时间记为 t_1。当缪子贯穿了上下两台探测器 D_1 和 D_2 时,电子学模块会记录相应的到达时间 t_1 和 t_2,缪子的速度就是飞行距离和飞行时间之比。我们将探测器的间距调至最远(约 2 m),如果飞行距离的误差控制在 2 cm 以内,飞行时间的测量误差控制在 0.3 ns 以内,就可以将速度的测量误差控制在 5% 以内。

我们很自然地想到缪子的飞行时间就是上下两台探测器电子学模块记录的到达时间之差,即 $\Delta t = t_2 - t_1$,但是这样做会得到错误的结果,因为我们忽略了一个主要的计时误差。从缪子击中闪烁体探测器到 PMT 收集到闪烁体发出的光,光电子在 PMT 中逐级传输并放大,再经过信号线缆传输到电子学模块,这一系列过程需要几十纳秒量级的时间。电子学模块记录的时间是有延迟的,并不等于缪子击中探测器的时间。

将两台探测器的延迟时间分别记为 τ_1、τ_2,飞行时间应该如式(4-2)所示。

$$\Delta t = (t_2 - t_1) - (\tau_2 - \tau_1) \qquad (4-2)$$

上式中第一项(t_2-t_1)就是电子学计时之差,第二项($\tau_2-\tau_1$)是 D_1、D_2 延迟时间之差,这一项数值往往大于 0.3 ns,是不能忽略的。换言之,只有精确测定这一项才能得到正确的飞行时间,这一过程就像把两块走针不同步的手表进行了"对时"。

我们介绍两种操作简单但非常有效的方法。第一种方法是相对校准,如图 4-5(a)所示,将 D_1 放在 D_2 上面紧紧贴合,当缪子同时穿过 D_1、D_2 时,缪子飞行时间表示为 $\Delta t = (t_2-t_1) - (\tau_2-\tau_1)$。由于 D_1 到 D_2 的间距约等于 0,缪子几乎同时击中两台探测器,飞行时间 $\Delta t \approx 0$(这里的约等于是因为忽略了探测器自身的厚度),因此有 $\tau_2-\tau_1 \approx t_2-t_1$。这个式子表示通过电子学计时之差可以计算出 D_1、D_2 的延迟时间之差,再把这一数值代入到式(4-2)中就可以把时间算准了。

第二种方法为交互消除法,先将 D_1、D_2 间距拉到最远,且 D_1 位于 D_2 上方。当缪子同时穿过 D_1、D_2 时,缪子的飞行时间表示为 $\Delta t = (t_2-t_1) - (\tau_2-\tau_1)$。然后,我们将这套装置旋转 180°,使 D_2 位于 D_1 上方。当缪子同时穿过 D_2、D_1 时,缪子先击中 D_2 后击中 D_1[如图 4-5(b),相当于与缪子的飞行方向相反],电子学模块记录的时间分别记为 t'_2、t'_1，缪子的飞行时间表示为 $\Delta t=(t'_1-t'_2)-(\tau_1-\tau_2)$。将上述两个式子相加，得到 $\Delta t=[(t'_1-t'_2)+(t_2-t_1)]/2$，这个式子表示通过交换位置前后的电子学计时之差可以直接算出飞行时间，探测器延迟时间项被消除了。

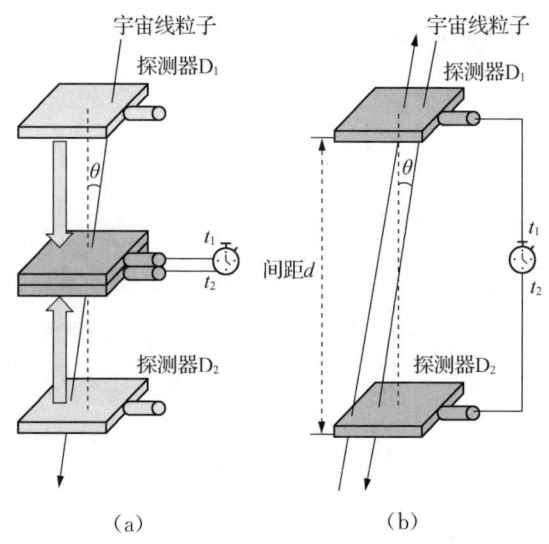

图 4-5　相对校准(a)和交互消除法(b)

由于这些测量值都存在统计误差，无论使用哪种方法，都需要对多次测量结果求平均值。以第二种方法为例，简要介绍下数据处理的过程。

图 4-6 展示了上下两台探测器电子学模块记录的时间差的直方图。由于探测器系统的时间分辨率和宇宙线粒子穿过两台探测器的径迹长度的不确定性，时间

第四章 追逐光的速度

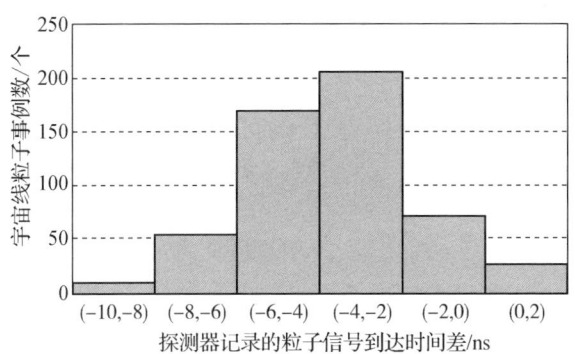

图 4-6 上下两台探测器电子学模块记录的时间差的直方图

差的测量存在固有的统计不确定性。为了减小统计不确定性,通常需要对多次测量结果求平均值。平均值的统计误差为 $\frac{\sigma_{(t_2-t_1)}}{\sqrt{N}}$,其中 $\sigma_{(t_2-t_1)}$ 表示时间差 (t_2-t_1) 数据样本的标准偏差,N 表示样本的总事例数。为了确保飞行时间的测量足够精确,通常需要获取足够数量的宇宙线粒子事例,以将时间差的统计误差降低到 0.23 ns 以下(由于交互消除法需要将探测器系统旋转前后的两组时间差测量值相加,因此每组时间差的统计误差应小于 $0.16 \times \sqrt{2} \approx 0.23$ ns)。然后,将探测器系统旋转 180°,并重复上述分析过程,得到时间差 $(t_1'-t_2')$。根据交互消除法的原理,将探测器系统旋转前后的两组时间差测量值相加,再除以 2,最终就得到了缪子的飞行时间。

探测器经过"对时"后,时间测量就准确了,剩下的问题是如何测量缪子的飞行距离。如果把探测器的横向尺寸想象得无穷小,缪子的穿行距离约等于 d。如图 4-4 所示,缪子望远镜的探测器 D_1、D_2 间隔 d 为 2 m,探测器的边长 s 为 0.4 m,缪子的最大倾斜角 $\theta = \arctan\left(\frac{\sqrt{2}s}{d}\right) \approx 15.8°$,缪子的飞行距离应为 $l = d/\cos\theta$。考虑到缪子的方向不固定,飞行距离需要用大量缪子事例飞行距离的统计平均值代替,即 $\bar{l} = \overline{d/\cos\theta}$(¯ 表示统计平均值)。

前文中已经讲述了利用缪子望远镜测量不同天顶角 θ 的缪子流强的方法。根据这个实验的数据,可以找出缪子随天顶角 θ 的变化规律,并计算出 $\bar{l}$。最终,根据大量测量数据,计算出平均的 Δt 值,进而计算出宇宙线粒子的运动速度 $v = \bar{l}/\Delta t$,然后观察这个结果是否非常接近光速。

小结

　　本章节的主要目标是引导大家利用缪子望远镜,设计并完成宇宙线速度测量实验,体验科学实验的探索过程。虽然实验方法各式各样,但目标和方向是一致的,即小心检查和仔细消除实验中遇到的各种误差,特别是对结果影响较大的误差项。大家可以自行设计各种实验来解决科学问题,希望本章节内容能够为进一步的科学探索打开通道。

第五章
缪子寿命的测量

粒子也会"死亡"吗？通过本章内容，你将学会如何利用旅行装备，精确测量出宇宙线缪子的寿命。

一、"全新"的粒子

朝菌不知晦朔,蟪蛄不知春秋,花草树木、虫鱼鸟兽,甚至地球、太阳、星系、宇宙都要经历诞生和死亡,生老病死似乎是我们这个世界的一条基本规则。那么,组成物质世界的微观粒子,也有寿命的概念吗?随着对微观世界认识的加深,人们发现,粒子不仅有寿命,而且不同粒子的寿命相差极大,有些只有不到万亿分之一秒,有些却比宇宙的寿命还要长。微观粒子的寿命与物理学基础理论密切相关,是粒子物理学家十分关心的物理量。测量粒子的寿命并不是一件遥不可及的事情,只需利用校园宇宙线探测器就可测出。

在开始实验之前,先来理解一下微观粒子的寿命,因为它可能没有想象中那样简单,甚至有一些违反直觉。当我们说一个人的寿命,指的是这个人从出生到死亡所经历的时间。如果要统计一群人的平均寿命,只需要把他们去世时的年龄加起来,再除以他们的总人数就

可以了。对于微观粒子来说,"死亡"其实就是衰变,也就是自发地转变为其他种类的粒子。以缪子为例,缪子有带负电的 μ^- 和带正电的 μ^+ 两种,它们除了电荷不同外其他性质都一样。μ^- 自发衰变时会变成一个电子(称为米歇尔电子),同时产生一个 μ 中微子和一个反电子中微子,这个过程可以用如下表达式来表示。

$$\mu^- \longrightarrow e^- + \bar{\nu}_e + \nu_\mu$$

当 μ^+ 自发衰变时,它会变成一个正电子,同时产生一个反 μ 中微子和一个电子中微子,表达式如下。

$$\mu^+ \longrightarrow e^+ + \nu_e + \bar{\nu}_\mu$$

考虑到每个缪子的寿命可能各不相同,所以你会想到测量多个缪子之后求平均值。现在假设你收到一个装有 1000 个缪子的盒子、一只秒表和一架非常精密的显微镜,每当有缪子发生衰变时,你都能看到并记录下衰变发生的时间。当盒子里的最后一个缪子衰变完后,看着纸上记录的 1000 个缪子的衰变时间,你突然想到,你只是记录了每个缪子的"死亡"时间,并不知道它们的"出生"时间,你找出包装盒,发现上面并没有贴生产日期标签。当你打开盒子时,只看到有 1000 个缪子,却不知道它们送来时是"新鲜"的还是"临期"的。你联系卖家,他却回复说:"你所看到的缪子每一个都和全新的一模一样。"

实际上，微观粒子似乎并不知道它是什么时候产生的，岁月也不会在它们身上留下任何印记。一个已经一万年没有衰变的缪子和一个刚产生的缪子没有任何区别。这里并不是说人类的实验技术不够先进，无法观察到它们的区别，而是它们真的没有区别。它们在下一秒钟里发生衰变的概率是完全一样的，卖家并没有欺骗你。

因此，我们不必关心这些缪子是什么时候产生的，可以选择任意时刻作为它们的出生时间，比如打开盒子的时刻或者 1 小时 22 分钟之后都没问题。可如果在开始测量的时候发现已经有一些缪子衰变掉了，只剩下 500 个，该怎么办呢？答案是没有关系，因为这 500 个缪子仍然都是"全新"的。实际上，我们可以为每个缪子都设定一个不同的开始时间，也就是说，每次只观察一个缪子，直到它发生衰变，并记录下经历的时间。当我们观察了大量缪子以后，统计出它们衰变时间的平均值，就是缪子的寿命。

微观粒子的寿命为什么会有这样奇特的性质呢？这要从指数衰变规律说起。

二、指数衰变规律

缪子的衰变与其他不稳定的粒子和放射性核素遵循同样的统计规律——指数衰变规律。假设在 $t=0$ 时

刻有 N_0 个不稳定粒子,如果它们在单位时间内发生衰变的概率 λ 不随时间变化,那么在任意时刻 t,剩余未衰变的粒子数为 $N(t)$,具体见式(5-1)。

$$N(t) = N_0 \mathrm{e}^{-\lambda t} \qquad (5-1)$$

式中 λ 的倒数即粒子的平均寿命 $\tau = 1/\lambda$,注意不要把平均寿命与"半衰期($T_{\frac{1}{2}}$)"混淆。半衰期指的是粒子衰变到剩下一半数量所需的时间,而平均寿命是 $1/\mathrm{e}$(约为 0.368)所需的时间。它们之间的关系为 $T_{\frac{1}{2}} = \tau \ln 2 \approx 0.693\tau$。由式(5-1)可知,不稳定粒子的数量随时间呈指数形式减少。从数学上看,"无记忆性"是指数分布的一个重要特性,即无论选择哪个坐标原点,都会得到相同的分布形式。因此,可以选择任意时刻开始测量,直到缪子发生衰变,记录经历的时间 t,然后不断重复这个过程,绘制大量缪子衰变时间的统计分布图,它与上述 $N(t)$ 随时间的变化曲线等价(图 5-1)。最后,通过指数函数拟合这条曲线,即可得到粒子的寿命。

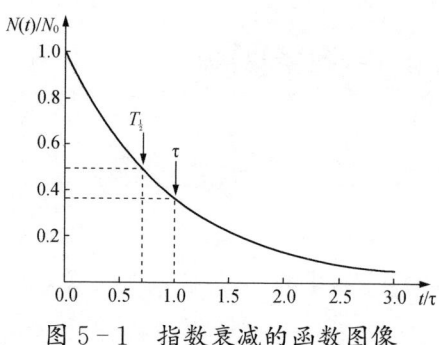

图 5-1 指数衰减的函数图像

三、捕捉来自天空的缪子

弄明白了缪子寿命的概念以后,终于可以动手做实验了!首先面对的问题是,到哪里去寻找缪子?要知道现实中可不存在出售缪子的卖家,也没有能装缪子的盒子。学习过前面内容的你一定想到了,宇宙线中就有缪子!每时每刻都有大量自由、免费的缪子不停地从我们头顶上的天空落下。缪子具有很强的穿透力,可以轻易穿透建筑物,所以即使在室内做实验也不用担心探测不到它们。之前介绍过的校园宇宙线探测器就能捕捉到来自天空的缪子。这样就不仅有了能看到缪子到达的显微镜,还有了可以自动记录到达时刻的秒表,而且这个秒表的精确度可以达到纳秒量级。

每当有粒子击中闪烁体时,探测器都会记录下信号产生的时间,这称为一个事例。大部分缪子的能量都很高,能够轻松穿过闪烁体,并在闪烁体内损失部分能量,从而被探测器记录下来。少部分缪子能量较低,会在闪烁体中损失全部能量,产生第一个事例,之后停留在闪烁体中,并在一段时间之后发生衰变。衰变产生的中微子具有极强的穿透性,无法被有效探测,但米歇尔电子会与闪烁体发生相互作用,发出闪烁光,从而使探测器产生第二个事例。

顺利搭建好实验装置后,就可以正式开始测量。经过几天时间,计算机采集到了足够多的实验数据。数据中包含了粒子的到达时间 t,将每一行的 t_i 减去上一行的 t_{i-1},即可得到相邻两个事例的时间间隔 dt_i。

四、找出衰变的缪子

对于那些直接穿透闪烁体的缪子,探测器只记录了它们进入的时间,但我们只对那些碰巧停留在闪烁体中并衰变了的缪子感兴趣。闪烁体探测器无法区分一个信号是由缪子还是米歇尔电子产生的,它们被当作两个独立的事例记录下来。此外,次级宇宙线中本来就有许多正、负电子等其他成分,更不用说探测器还会测量到大量的本底噪声信号,它们都成为寻找缪子衰变事例的背景事例。那么怎样才能把与衰变有关的事例从大量背景事例中挑选出来呢?

简单来说,就是找出时间间隔非常短,即 dt 小于特定值的两个事例,它们非常可能分别是由缪子的进入和衰变产生的。这就是将在第六章中详细介绍的符合法。这种方法就像是在时间轴上开了一个宽度为 w 的"窗口",一个个事例依次经过这个窗口,只有落在窗口内的相邻两个事例才会被挑选出来。为什么如此简单的方法能够挑选出衰变事例呢？

举个例子可能更容易理解一些。想象一下你坐在一间屋子里，窗外是一条幽静的小路，在你的视野范围内，大部分时候都只有一个人走过。这时如果有两个人或一群人同时出现，你是否会比较有把握地认为他们应该是同行的朋友？你可能会说，如果窗外是一条繁忙的商业街，来往的行人络绎不绝，那这个推断就不成立了。没错！在这种情况下，他们是偶然碰在一起的陌生人的可能性就不能忽略了。这种两个不相关的事例由于巧合而同时出现在符合窗口中的情况叫偶然符合。实验中，直接穿过的缪子和其他放射性本底引起的事例都可以视为背景，它们都可以造成偶然符合。我们可以用符合测量来挑选缪子衰变事例，这也有一个前提，那就是缪子的寿命比较短，背景计数率不太高，从而保证偶然符合不会对衰变产生的符合事例造成太大干扰。

根据采集到的事例总数和时长，可以计算出平均事例率约为 30 Hz。在事例率一定的情况下，符合窗口 w 越宽就越容易发生偶然符合，因此减小 w 可以压低偶然符合计数率。但是 w 也不能取得过小，否则衰变事件的计数率也会减小，需要更长的测量时间才能累积同样的统计量。在这里选取 $w=10000$ ns，把 $dt<w$ 的事

例挑选出来,并把它们的 dt 填充到直方图上(如图 5-2,注意图中 y 轴为对数坐标),可以看到经过筛选以后的事例数约为原来的 3%。将这个直方图用函数 $f(t) = N_0 \cdot \exp(-t/\tau) + C$ 进行拟合,为减小偶然符合事例的影响,在式(5-1)的基础上增加了一个常数项,得到缪子寿命的测量值为:

$$\tau = 2.11 \pm 0.04 \ \mu s \qquad (5-2)$$

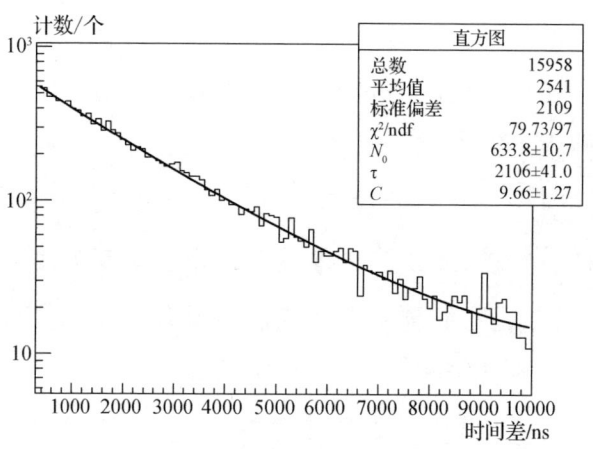

图 5-2 实验数据中相邻事例时间差 dt 的分布以及拟合结果

这个结果与缪子寿命的现代标准测量值($2.197\ \mu s$)非常接近,我们成功测量出了缪子寿命!

五、缪子为什么能穿过大气

在测得缪子寿命以后一个新的问题又出现了,那就是既然缪子的寿命如此之短,它们是怎么穿过大气层到达地面的呢?缪子是在距离地面几十千米的高度产生的,以接近光速的速度冲向地面。这样我们立刻就能算出,从缪子产生到落地一共需要经历至少 30 μs 的时间,这几乎是它们平均寿命的 15 倍。按照式(5 - 1)计算,缪子应该只有大约 10^{-7} 的概率到达海平面,但我们之前的实验测量结果却远大于这一预期,这又是怎么回事呢?

这个疑难只能用爱因斯坦的狭义相对论来解释。根据狭义相对论的钟慢效应,在以地面为参照系的观察者看来,以接近光速运动的物体的时钟会变慢,因此高能缪子的寿命应远大于 2.2 μs,使它们有足够的时间抵达地面。也可以换一个思考方式,如果以缪子作为参照系,虽然它自己的寿命还是 2.2 μs,但是由于狭义相对论的尺缩效应,十几千米厚的大气层缩短到了只有几百米,缪子在衰变之前还是有很大概率能穿透它。事实上,大量缪子能穿过大气层到达地面,一直被当作是狭义相对论的有力证据之一。

小结

1. 粒子不会像人一样逐渐衰老,但可能会在某一时刻毫无预兆地发生衰变,成为其他粒子。我们无法预知单个粒子会在何时衰变,但是可以通过大量统计得到它在单位时间内发生衰变的概率。这个概率是恒定不变的,它的倒数就是这种粒子的平均寿命。

2. 利用闪烁体探测器和合适的测量方法,经过简单的数据处理,就能以相当高的精度测量出宇宙线缪子的寿命。

3. 缪子的寿命很短却能够穿过大气到达地面,这一实验结果验证了狭义相对论的正确性。

第六章

生命的保护伞
——广延大气簇射

1912年,赫斯宣布发现了来自外太空的穿透辐射——宇宙线,那么当时他以及随后的其他科学家在多次实验中观测到的辐射是否就是原初宇宙线信号?

一、广延大气簇射的发现历程

(一) 簇射的发现和探索

自1928年以来,人们对带电粒子的探测手段有了长足的进步。盖革计数器、云室等粒子探测器相继出现,簇射的概念开始被提出。

盖革计数器(图6-1),又称盖革-米勒计数器,是一种用于探测电离辐射的粒子探测器,通常用于探测 α 粒子和 β 粒子。

云室,又称威尔逊云室,是一种用于探测游离辐射的粒子探测器,最初由英国物理学家查尔斯·威尔逊发明。在密封容器内部充满过饱和的水蒸气或酒精,就构成了最简单的云室。当一束带电粒子穿过云室时,将其内的部分分子电离,产生的离子会扮演类似云凝结核的角色,使离子周围产生雾气。这样,带电粒子就在云室中留下了"足迹"。

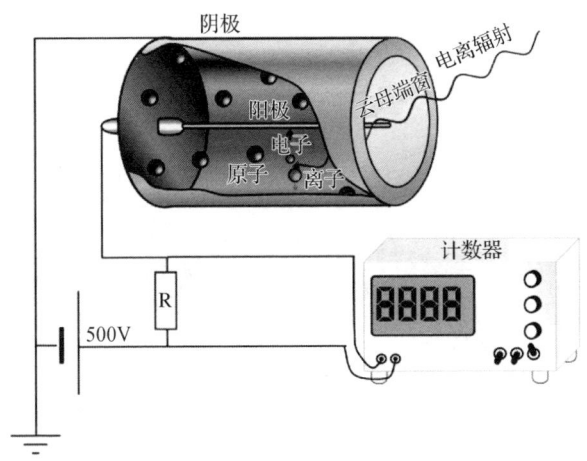

图 6-1 盖革计数器

1932年,安德森在云室中首次发现正电子(图6-2)。此后,云室实验中不断涌现出一系列极为重要的成果。1933年,英国物理学家布拉凯特和意大利物理学家奥基亚利尼观察到了云室中存在一些明显来自同一顶点的径迹,这些径迹很可能起源于同一个粒子,该粒子在顶点附近与云室气体发生相互作用并通过某种倍增过程产生多个次级粒子,这种倍增过程被称为簇射。

当时的人们普遍认为,引发云室中簇射现象的元凶是原初宇宙线——即在通过相互作用转化为其他粒子之前的宇宙线。这些粒子在云室附近与空气中的原子核相互作用,产生了簇射。但很快,意大利物理学家罗西的测量结果表明,这种猜想是错误的。罗西的实验使

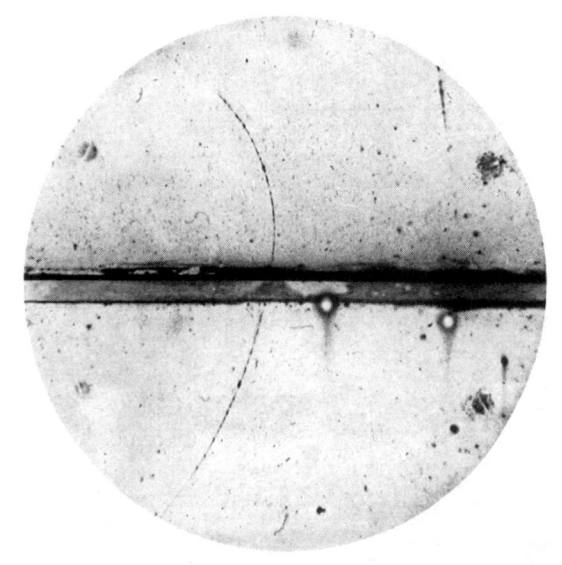

图6-2 在云室中观测到正电子
（受到磁场影响，粒子径迹发生偏转）

用了三个"品"字形排布的盖革计数器，计数器上面还加了一层铅板。这样的排布方式保证了单个沿直线飞行的粒子无法同时触发所有计数器，至少需要两个粒子才能同时触发三个计数器。通过加盖不同厚度的铅板，测量符合计数率随铅板厚度的变化曲线（图6-3）。最初，随着铅板厚度的增加，符合计数率快速上升，说明入射粒子在铅板中发生了相互作用，从而产生了簇射。随着铅板厚度的继续增加，符合计数率又快速减小，表明入射粒子在铅板中被逐渐吸收。而原初宇宙线能量较

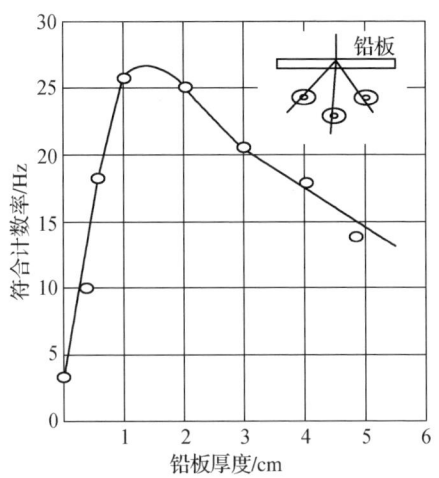

图 6-3 罗西曲线及其实验装置图(右上角)

高,不会经过几厘米的衰减就使得其能量和数量发生明显改变。因此,这个实验的结果表明,这些在铅板中引发簇射的入射粒子能量较低。

经过科学家们的不断研究,目前我们知道这些粒子是原初宇宙线与大气相互作用产生的次级产物中的一部分,如电子和伽马(γ)光子(伽马下称 γ)。后来,人们利用多层云雾室在实验室中观测到了簇射发展的过程,更加直观形象。

(二) 消失的原初宇宙线

或许你会有两个疑问,原初宇宙线是如何消失的?

既然在铅板中可以发生簇射，那么这一现象在其他物质（如大气）中能否发生呢？事实上，第二个问题恰好是第一个问题的答案，原初宇宙线正是通过广延大气簇射的方式，消失在了茫茫大气中，化为一场场次级"粒子雨"。

除了实验室中簇射观测的进展，早在1933年，罗西在东非观测"东西效应"（"东西效应"具体将在第八章展开讲解）时就发现可能有扩展的粒子簇射到达并同时击中多个计数器，但是当时他没有时间进一步研究这个有趣的现象。很可惜，这很可能是人类第一次观测到广延大气簇射，但罗西与首次发现失之交臂。1938年，法国物理学家俄歇在海拔3000多米的地方进行实验，通过不断改变计数器之间的间距，测量符合计数率（图6-4），发现了原初宇宙线在大气中产生具有明显时间与空间分布的"粒子雨"过程，宣布发现了广延大气簇射。进一步测量表明，次级粒子的能量可以高达 10^7 eV 以上，结合次级粒子数目的估计可以得到原初宇宙线的能量在 10^{15} eV 以上。1946年，罗西领导的小组创建了首个探测广延大气簇射的探测器阵列，开创了宇宙线研究的新天地。

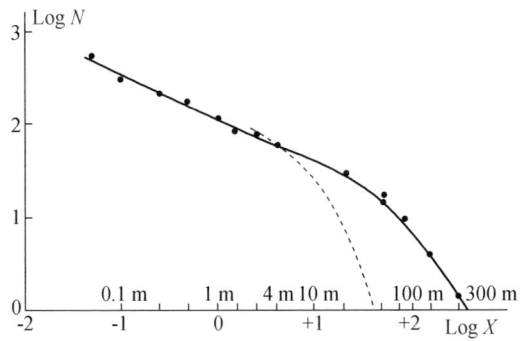

图6-4 符合计数随计数器间距的变化
（横坐标为计数器摆放间距，纵坐标为符合计数，
其中黑点是测量值，其他为理论预期）

二、什么是广延大气簇射

高能原初宇宙线粒子进入到大气层上空后，与大气层中的原子核碰撞产生次级粒子。然后，这些次级粒子和空气中的原子核继续相互作用，进一步生成新的次级粒子。如此往复多次形成级联，最终产生大量低能次级粒子。这些次级粒子以接近光速的速度飞行，并在大气中横向扩散。这些粒子像一场瞬间（10^{-8} s）的粒子"阵雨"一样到达地面，簇射中的粒子数可高达千亿，并且散布在数平方千米的范围内。这样的粒子"阵雨"被称为广延大气簇射。

根据原初宇宙线粒子的种类，广延大气簇射可分为电磁级联和强子级联。当原初宇宙线粒子是γ光子或电子时,其引发的广延大气簇射被称为电磁级联;而当原初宇宙线为强子时,其引发的广延大气簇射被称为强子级联。

(一) 电磁级联

当我们深入探究高能电磁级联时,如图6-5(a)所示,就像是在揭开一个神秘的故事。这个故事的主要角色是原初高能γ光子,它在大气核子的库仑场中发生了一系列引人入胜的故事:在一场电磁级联的粒子盛宴中,我们见证了正负电子对($e^{\pm}$)的出现和电子的神奇辐射。

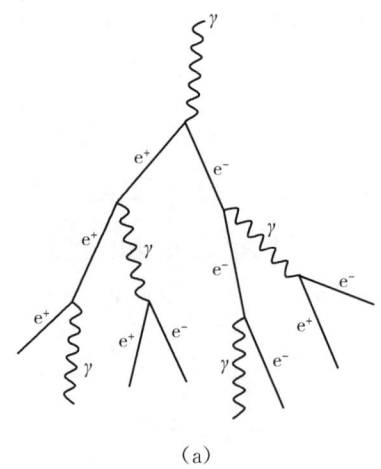

(a)

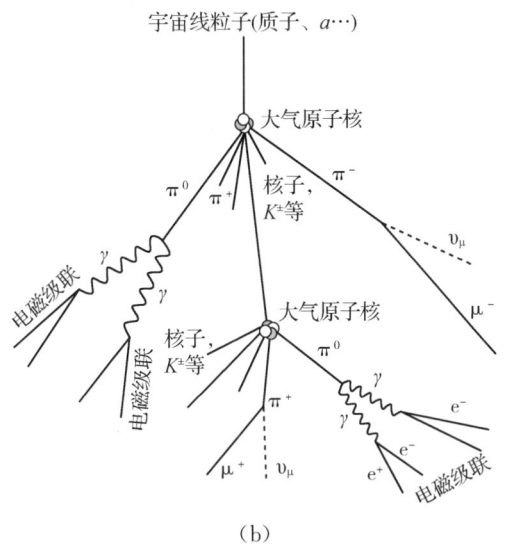

(b)

图 6-5 电磁级联(a)和强子级联(b)的示意图

想象一下,一颗来自宇宙深处的不速之客——高能 γ 光子,突然闯入蓝色星球的大气层,并在大气核子的库仑场中发生了一次神奇的转变。

一个光子转化为一个正负电子对,这就好比在魔术中看到一张扑克牌忽然变成了两张!但故事还没有结束,正负电子将在库仑场中继续表演它们的新花样。

现在,电子们在大气核子的库仑场作用下释放出它们的能量,不断辐射出新的光子,就像魔术师不停地变出新的魔术道具。这两个过程不断重复,粒子数量不断增加,而它们的能量逐渐减小。

现在,让我们跟随英国理论物理学家海特勒来更深入地开启这场电磁级联的神奇旅程。

海特勒的模型基于两个重要的近似:当原初粒子能量极高时,电子通过辐射产生一个γ光子过程平均穿过的大气深度 X_b 与γ光子发生一次正负电子对产生过程平均穿过的大气深度 X_p 近似相等,即 $X_b = X_p = X_{1/2}$。电子和光子的能量平均分配到其产生的次级粒子中,即每个次级粒子的能量是上一代粒子能量的一半。

让我们用生活中的例子来类比,假设你有一块巧克力,将它分成同等大小的两块,然后再分成同等大小的四块、八块。每块巧克力的大小就像是次级粒子的能量,都是上一代的一半。

当次级粒子的能量降到一个特定值 E_c 时,就像是吃掉巧克力的速度快到让你无法再分割出更小的了,次级粒子的数目不再增加了,电磁级联便达到了极大。此时,电子的电离能损开始占主导地位,但并不产生新粒子,就像是吃巧克力时你不再分割它,而是直接吃掉它。

海特勒模型描述的簇射过程如图 6-6 所示。从原初粒子开始,设原初粒子能量为 E_0,各代次级粒子数量为 2,4,8,16……下一代的次级粒子数量是上一代的两倍,第 n 代次级粒子数目为 2^n,由于次级粒子能量均分,对应的单个次级粒子能量为 $E_0/2^n$。

第六章 生命的保护伞——广延大气簇射

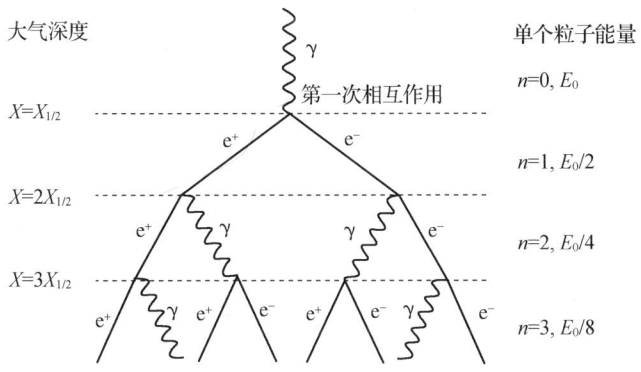

图6-6 海特勒模型中的电磁级联簇射示意图

簇射达到极大时，次级粒子总共发展了几代？簇射中共有多少次级粒子？此时穿过的大气深度是多少？有了簇射的终止条件，我们可以很容易回答以上问题。

根据能量守恒，所有次级粒子的能量总和等于原初粒子能量。簇射达到极大时，每个次级粒子能量为 E_c，设次级粒子总数为 $N_{\max}$，则有：

$$N_{\max} = \frac{E_0}{E_c} \qquad (6-1)$$

设簇射极大时次级粒子已经发展到第 n 代，则：

$$\frac{E_0}{2^n} = E_c$$

即：

$$n = \frac{1}{\ln 2} \ln \frac{E_0}{E_c} \qquad (6-2)$$

63

穿过的大气深度 X 为：

$$X = X_{1/2} \cdot n = X_{1/2} \cdot \frac{1}{\ln 2} \ln \frac{E_0}{E_c} \quad (6-3)$$

这样一个粗糙的模型无法推导出簇射的所有细节，但是式(6-1)和式(6-2)很好地描述了电磁级联簇射纵向发展的最重要的特征。

簇射次级粒子的最大数量与引发簇射的原初粒子能量 E_0 成正比；簇射极大时穿过的大气深度与 E_0 的对数成正比；若以 E_c 作为能量单位，$X_{1/2}$ 作为长度单位，则簇射发展与穿过的介质无关。

(二) 强子级联

与电磁级联相比，强子级联在大气中的发展过程更加复杂，如图 6-5(b)所示。高能强子进入大气后，与大气中的原子核发生强相互作用，产生次级核子和 π 介子($\pi^\pm$、π^0)，还有少量的 K 介子($K^\pm$、K^0)和超子。这些次级产物中的强子或者继续与空气中的原子核相互作用，或者发生衰变(部分反应中产生缪子和中微子)，产生更多的次级粒子。与电磁簇射类似，强子级联也不会无限发展。当次级粒子的衰变概率等于通过相互作用产生新粒子的概率时，强子簇射达到极大。

在广延大气簇射过程中产生的粒子种类众多,最基本的有三种——电子、γ光子和缪子。其中前两者的数量在广延大气簇射发展极大处附近占比更大,而在海平面处有较多数目的缪子占主导。相比于电子和γ光子(能量为 MeV 量级,其中 MeV 为兆电子伏特,$1\ \text{MeV}=10^6\ \text{eV}$),缪子能量更高(大多为 1 GeV 以上)、穿透力强。由上述级联过程可知,强子级联中富含缪子,而电磁级联中几乎不产生缪子,这是二者之间一个较为鲜明的区别。

三、如何探测广延大气簇射

(一) 符合法

符合法是广延大气簇射测量的核心方法。符合法是一种研究相关事件的方法,相关事件是指两个或两个以上同时发生的事件,也称为符合事件。符合法利用符合技术,即通过电子学模块的方法,在不同探测器的输出脉冲中选出符合事件。

例如,当放射性元素 ^{60}Co 发生衰变时,会同时放出β射线与γ射线。如果我们在 ^{60}Co 附近"同时"测量到了β射线与γ射线,就可以证明 ^{60}Co 发生了一次衰变。具有内在因果关系的符合称为真符合,而没有因果关系的随机事件也可能出现符合,称为偶然符合。例如,^{60}Co 接连放出的 β 射线与 γ 射线为真符合,而两个 ^{60}Co 同时衰变,一个放出的 β 射线和另一个放出的 γ 射线的符合,则是偶然符合。

地面测量宇宙线的方法之一是时间符合测量法和空间符合测量法。由于原初宇宙线的能量非常高,在进入大气的过程中会与空气中的原子核相互作用,产生许多次级粒子,通常以多个次级粒子同时被测量到作为探测到一个原初宇宙线引发的广延大气簇射事例的判据。由于探测器本身存在一定量的噪声,多个次级粒子的符合测量可以大大降低偶然符合的概率。在实际应用中,在一定的时间和空间窗口内,当"着火"探测单元(即探测到了次级粒子)的个数大于某个值时,则记为一次有效的簇射事例。

(二) 探测技术

目前成熟且应用广泛的广延大气簇射探测技术主要有三种,即地面广延簇射阵列、大气切伦科夫成像望远镜和大气荧光望远镜。

地面广延簇射阵列通过铺设大面积的粒子探测器,测量簇射中的电子、γ 光子和缪子等次级粒子。它的优势在于具有宽视场、有效曝光时间长且探测效率高。这种探测技术的代表实验有西藏羊八井中意合作实验（ARGO-YBJ）和高海拔宇宙线观测站（图6-7）。

图6-7　高海拔宇宙线观测站

大气切伦科夫成像望远镜利用的原理是，当高能带电次级粒子的速度超过空气中的光速时，会产生切伦科夫光，进而进行探测。这类探测器具有较好的角分辨率和能量分辨率，代表性的实验装置有高能立体望远镜系统（HESS）、大气伽马成像切伦科夫望远镜（MAGIC）、高能辐射成像望远镜阵列系统（VERITAS）。大气荧光望远镜的工作原理是次级粒子中的带电粒子会激发大气中的氮气，在退激过程中会发出各向同性的荧光。由于荧光产额很低，大气荧光望远镜常用于极高能宇宙线（能量高于10^{18} eV）的观测，代表性的实验有高分辨"蝇

眼"实验(HiRes)和奥格宇宙线观测站(AUGER)。

(三) 方向重建

校园宇宙线探测器就是采用了地面广延大气簇射阵列这种探测方式,阵列包含5台探测器。

了解数据

数据格式为电子表格。

数据信息为未经处理的数据(原始数据),主要包括以下方面。

N_{hit}:"同时"测量到次级粒子的探测器个数。

t_0-t_4:0—4号探测器测量到的次级粒子的时间。

(X,Y,Z):0—4号探测器在大地笛卡尔坐标系中的位置。地面阵列5台探测器都在同一水平面上,将该平面设为$Z=0$。

探测器阵列接收到的是原初宇宙线在大气层内经过级联簇射后的次级粒子信息(图6-8),我们需要利用这些信息,确定原初宇宙线的入射方向,即原初宇宙线方向重建。经过广延大气簇射过程的次级粒子基本分布在一个很薄的圆盘上,这个圆盘在中心附近可以近似为一个平面。如果求解出这个平面的法向量,也就知道了原初宇宙线的方向。在三维几何中,不共线的三个点可以确定一个平面。根据探测器的着火时间和位置信息,可以对应找到平面上的"点",通过最小二乘法计算平面的法向量,如式(6-4)所示。

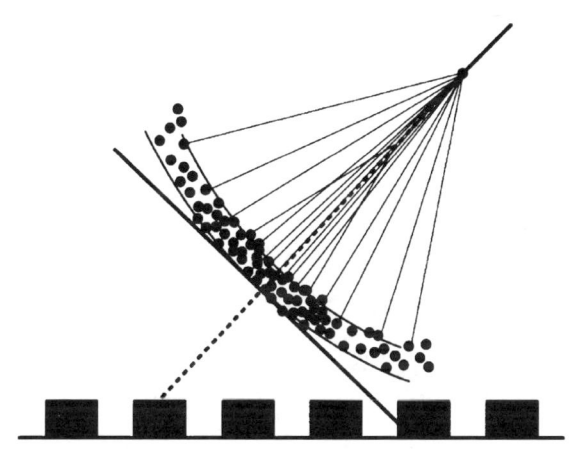

图 6-8 广延大气簇射示意图

$$\chi^2 = \sum_{i=1}^{N_{\text{hit}}} w_i \left(t_0 + l\frac{X_i}{c} + m\frac{Y_i}{c} - t_i\right)^2 \quad (6-4)$$

其中,$l = \sin\theta\cos\varphi$,$m = \sin\theta\sin\varphi$,$c$ 是光速。(θ, φ)是原初宇宙线在地平坐标系中的方向,依次是天顶角、方位角。借助电子表格中的线性回归工具可以方便地求解出(l, m)的数值。需要注意的是,方向重建至少需要三台探测器记录到信号(即 $N_{\text{hit}} \geqslant 3$)。当只有

三台探测器着火时,这三台探测器不能处于同一条直线上。

四、大气保护了生命

来自外太空的每秒数以兆亿计的宇宙线在持续地轰击着地球。这些神秘的太空信使同时也是恶魔般的存在。研究表明,高空飞机上的辐射量是地面的30～60倍,而近地航天器上的辐射量竟然是地面的100～150倍。离地面越远,也就是大气越稀薄的地方,面临着更加严重的辐射风险。地磁场作为第一道屏障,抵挡了绝大多数低能的宇宙线对地球的轰击,但仍有部分高能宇宙线(能量高于10^9 eV)会进入大气层(图6-9)。能量高于 1 GeV 的原初宇宙线的流强约为 10^5 个/($m^2 \cdot s$)。它们在大气中发生广延大气簇射,逐渐转换成能量较低的次级粒子。次级粒子随后在大气中损耗,最终到达海平面时约为 160 个/($m^2 \cdot s$)。可以看出,大气层充当了坚实的护盾,使得辐射量约降低到原来的千分之一。如果没有大气层的保护,长期暴露在强辐射下的生物DNA和细胞会发生不可逆的损害,地球生物将承受灭顶之灾。

第六章 生命的保护伞——广延大气簇射

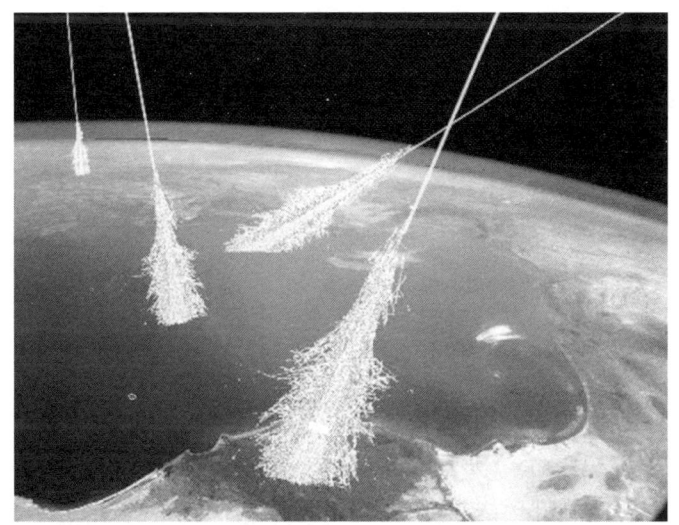

图6-9 高能宇宙线轰击地球，在大气中产生广延大气簇射

小结

由于地球大气层的存在,高能原初宇宙线与大气相互作用产生广延大气簇射,转换成数量巨大的低能次级粒子,随后低能次级粒子在大气中不断损耗,最终只有少部分到达地面,这样的一个过程极大地保护了地球生命免遭数目庞大的原初宇宙线的辐射伤害。

人类对广延大气簇射的探测持续了近90年,从最初几个盖革计数器的符合测量,在云室中寻踪觅迹,到目前先进的多种探测器手段的复合精确测量,我们对广延大气簇射的认知还在不断地深入过程中。

第七章
原初宇宙线带电吗

原初宇宙线穿过地球大气层时会引发广延大气簇射,产生大量次级粒子。从前文已知,这些次级粒子中既有带电粒子,又有中性粒子,那么最初来自外太空的原初宇宙线是否带电呢?

一、宇宙线本质猜想与争论

100多年前,人们对微观世界的探索才刚刚起步,还不知道微观世界的家族中有许多的成员,只能通过放射性物质来研究微观世界。卢瑟福在1898年发现了α射线和β射线。其中,α射线的穿透能力很弱,一张薄薄的纸就能阻挡;而β射线的穿透能力要强一些,往往需要几毫米厚的铝箔才能阻挡。后来,人们认识到α射线其实是氦原子核,而β射线是电子。1900年,法国科学家保罗·乌尔里希·维拉尔德发现了一种穿透力更强的辐射,将其命名为"γ射线";后来该射线被证实是一种高能电磁波,与X射线的性质极为相似,但具有比X射线更强的穿透能力。图7-1为几种射线的穿透力示意图,宇宙线要穿过厚厚的大气层来到地面,其穿透能力比γ射线还要强。

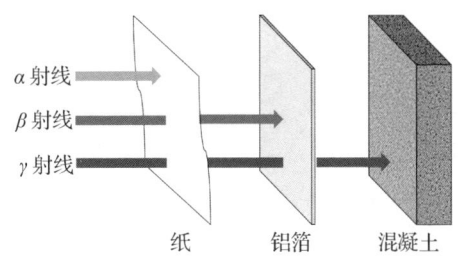

图 7-1 几种射线的穿透力示意图

因为 α 射线和 β 射线的穿透能力很弱,如果宇宙线是这两种带电粒子,则需要非常高的能量才能穿透大气层,这在当时是难以想象的。所以,人们普遍相信这种神秘的射线应该是中性粒子。另外,爱因斯坦在 1905 年提出了狭义相对论,揭示了物质与能量的关系。人们已经知道物质可以转换为能量。1927 年,康普顿因发现康普顿效应获得诺贝尔物理学奖,该效应指出,当一个高能光子与电子发生散射时,会将部分能量传递给电子,从而得到一个能量较高的电子和一个能量较低的光子。当时的物理学家认为宇宙线是来自外太空的高能光子,这些高能光子穿过大气层到达地面附近,并与物质发生康普顿散射,产生高能电子,继而可以解释空气电离效应。这在当时看起来是一个"合理"的解释,并且被视为"唯一"的解释。但是,科学需要实验支撑论证,即使听上去再合理的理论也需要通过实验去证实。

要证明粒子是否带电的原理很简单,可以将运动粒子置于磁场中检验。如果是带电粒子,在磁场中受到洛伦兹力的影响,运动轨迹会发生偏转,如图7-2所示;如果是中性粒子,则运动轨迹不会受到磁场的影响。虽然实验原理很简单,但由于宇宙线的能量极高,速度很快,在实验室中真正实现起来非常困难。根据粒子在磁场中的运动规律,粒子的回旋半径与粒子速度成正比,而与磁感应强度成反比。为了观察这个偏转效应,要么在很大的尺度范围内进行测量,要么需要提供超强的磁场。在当时的情况下,人类只能选择前者。

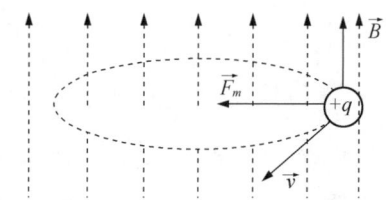

图7-2 带电粒子在磁场中的运动规律

地磁场近似为一个偶极磁场,磁力线从地理南极(地磁北极)延伸到地理北极(地磁南极)。假设带电粒子从各个方向均匀入射,在地球两极沿着磁力线运动,它们将更容易到达地球;而在赤道附近,它们会因受到洛伦兹力的影响而发生偏转,从而更难到达地球。因此,如果宇宙线带电,地球两极的宇宙线流强较高,而低纬度的宇宙线流强较低,这种现象被称为"纬度效应";

反之，如果宇宙线不带电，则不会观测到"纬度效应"。

在确定了通过测量"纬度效应"来确定宇宙线是否带电的实验方案之后，实验物理学家们就开始付诸实施，其中以康普顿和密立根最为积极。1932年密立根在许多人的帮助下进行了范围较广泛的观测。加利福尼亚理工学院的物理学家内赫发明了一种高灵敏度的自动记录验电器，为密立根的实验提供了支持，美国空军的负责人同意密立根使用轰炸机将测量仪器带到8000多米高空。遗憾的是，密立根并未观测到明显的"纬度效应"，他因此坚信宇宙线是中性粒子。

与此同时，康普顿的实验也在紧锣密鼓地进行着。1932年3月18日，康普顿离开芝加哥，开始了他跨越五大洲，行程超过80000千米的科学考察。他南至新西兰，北至北极圈，经历了从高山到海平面的各种极端环境。他非常自豪地将这次科学考察比作"马可·波罗的东方旅行"。他曾对俄克拉荷马大学的听众说："正如马可·波罗打开新世界一样，现代科学也在打开新的世界。"康普顿认为存在明显的"纬度效应"，并在1932年9月《纽约时报》刊出"识破密立根的谬误"这一报道，指出宇宙线是带电粒子，而非中性的光波。

康普顿和密立根约定当年12月在大西洋城举行的美国物理学会上展开一场"决定胜负"的论战。由于学

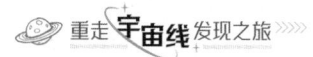

界早有预知,加上媒体的渲染,这场论战闹得沸沸扬扬,论战最后的结果是"密立根输,康普顿赢"。

这是科学家前辈们初期对宇宙线是否带电的验证历程。现在我们是否能够重现这一实验验证呢? 当下应怎样判断原初宇宙线的电性呢?

二、 检验原初宇宙线是否带电

磁场是检验粒子电性的"照妖镜"。运动的带电粒子在磁场中受到洛伦兹力的作用,运动轨迹会被偏转。如果宇宙线是像 X 射线或 γ 射线这样的中性粒子,那么宇宙线在传播到地球的过程中,其飞行路线不会受到磁场(星际磁场、地磁场等)的影响而偏转。因此,可以借助天然磁场来设计一些实验以检验宇宙线的电性。

(一) 通过"纬度效应"观测判断宇宙线是否带电

从前文可知,如果宇宙线是带电粒子,会存在"纬度效应"。因此,可以通过对不同纬度的宇宙线流强进行测量,重走前辈的探索路程,判断宇宙线是否带电。

我国幅员辽阔,最南端纬度不足 4°,最北端纬度约 50°,跨越将近 50°的纬度范围。目前,校园宇宙线联盟已有多个站点,纬度分布在北纬 30°～北纬 40°。随着更多的学校建立校园宇宙线探测器阵列,所覆盖的纬度范围将进一步扩大。可以利用不同纬度的宇宙线观测站点的数据分析宇宙线的流强,比较观测结果的差异,检验其是否呈现"纬度效应",从而判断宇宙线是否带电。

下面根据校园宇宙线探测器采集到的数据,分析宇宙线的流强,从而通过是否存在"纬度效应"判断宇宙线是否带电。

1. 实验数据选择

宇宙线观测数据经过重建后获得了方向信息:天顶角 θ 和方位角 φ。不同天顶角来的宇宙线到达地球时穿过的大气厚度不同,为了减小因环境因素带来的差异,尽量选择同一时间、同一天顶角观测范围的事例来计算宇宙线的流强。

2. 计算宇宙线的流强

不同站点的海拔差异以及探测器有效面积等都会影响测得的宇宙线统计量的大小。通过计算宇宙线流强(原初宇宙线流强的概念与前文缪子的流强定义有所区别)的差异,比较不同纬度实验中宇宙线流强的差异,判断是否存在"纬度效应"。

宇宙线流强 F 的定义是单位时间、单位立体角穿过单位面积的宇宙线数目,计算公式如下。

$$F = \frac{N_{\text{total}}}{AT\Omega} \qquad (7-1)$$

其中,N_{total} 为观测时间 T 内测量到的宇宙线事例数,A 为校园宇宙线探测器阵列的面积,Ω 为选定天顶角方向所对应的立体角。

3. 实验结论与讨论

根据公式,可以简单快速地计算出不同纬度实验中的宇宙线流强,比较不同地理纬度各个站点测量的当地宇宙线流强,最终判断是否观测到了"纬度效应"。

实际上,该方案可能面临诸多困难。首先,由于地磁场导致的不同地理纬度的宇宙线流强差异较小,需要很高的测量精度才能观测到"纬度效应";其次,观测地点的海拔高度和环境气压等差异都会影响测量结果。

(二) 找源知电性

如果我们将视线从地球移到更大的尺度,就会发现其实银河系中也弥散着磁场,因此整个银河系也可以成为我们的探测"介质"。我们可以提出以下假设:如果宇宙线是中性粒子,则宇宙线的方向即为宇宙线源的方向,宇宙线会有明显的"成团"效应,就像夜空中看到的星星;相反,如果宇宙线是带电粒子,银河系中的磁场就相当于搅拌机,宇宙线在银河系的传播过程中会失去原初方向信息,呈现各向同性的分布。我们的校园宇宙线探测器阵列可以测量宇宙线的方向,如果其分布没有明显的"成团"现象,便可以排除宇宙线是中性的这一假设,进而得出宇宙线是带电粒子的结论。

那么如何获得一张宇宙线分布天图呢?在天文观测中,通常使用天球坐标系来标注天体的位置,其中常用的有地平坐标系、黄道坐标系、赤道坐标系和银道坐标系等。在实际观测与分析中,研究者往往根据自己的研究目标选择合适的坐标系。以校园宇宙线实验为例,为了测量方便,通常会建立地平坐标系,测量宇宙线次级粒子的信息,然后通过方向重建获取宇宙线在地平坐标系的坐标,即天顶角和方位角。但是地平坐标系具有强烈的地方性,天体对应的坐标会随着时间和观测地点的变化而变化,并且这种变化是非线性的。在对天体进行研究时,为了方便比较不同实验在不同地域的测量结果,通常需要转换到赤道坐标系或者银道坐标系进行研究。

仍以校园宇宙线实验的数据为例,对宇宙线的方向进行地平坐标系到赤道坐标系的转换,绘制宇宙线分布天图。假设我们所用的宇宙线实验观测站的地理坐标为(l_0, b_0),其中l_0表示经度,b_0表示纬度;每个宇宙线事例的到达时间为MJD(简化儒略日,天文观测中常用的计时方式)。每个事例的原初方向在地平坐标系为(θ, φ)。通过球面三角公式,可以将地平坐标系下的时空信息(MJD, θ, φ)转换为赤道坐标系的坐标(α, δ),其中α表示赤经,δ表示赤纬,即:

$$(MJD, \theta, \varphi) \Leftrightarrow (\alpha, \delta) \quad (7-2)$$

具体计算公式:

$$\delta = \arcsin(\sin b_0 \cos \theta - \cos b_0 \sin \theta \cos \varphi) \quad (7-3)$$

$$\alpha = t_r \arctan^{-1} \frac{\sin \theta \sin \varphi}{\sin b_0 \sin \theta \cos \varphi + \cos b_0 \cos \theta} \quad (7-4)$$

其中t_r为春分点的时角,与观测地的经度l_0有关。校园宇宙线探测器阵列某天的观测数据获得的宇宙线分布天图如图7-3所示,从图中我们并没有观测到明显的"成团"现象。因此,该图支持宇宙线带电的结论。然而,需要注意的是,文中示例的数据量有限,为了提高准确性,需要更大的统计量来进一步验证我们在这里得出的结论。

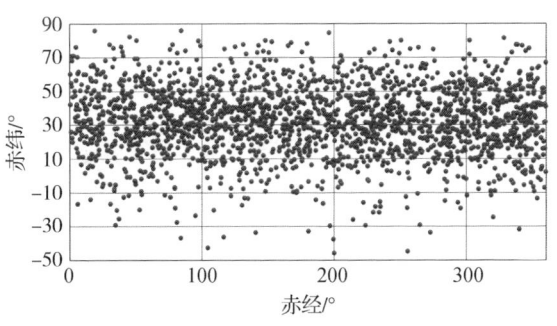

图 7-3 宇宙线分布天图

(三) 望月识电性

月球是离我们最近的天体,忽略空气的折射等现象,夜晚看到的月球位置就是它的真实位置。与光学成像类似,是否可以用宇宙线为月球拍照呢? 事实上,宇宙线来自各个方向,月球遮挡了部分宇宙线,使得月球方向测到的宇宙线较少。与周围背景相比,宇宙线流强在月球方向有所"缺失",这就是宇宙线为月球成的"像",我们称之为"月影"。

如图 7-4(a)所示,假设宇宙线与可见光一样是中性的,我们看到的"月影"应该和月球在同一个方向。如图 7-4(b)所示,如果宇宙线是带电粒子,地磁场会偏转其方向,我们看到的"像"会偏离实物的方向。因此,可以通过比较"月影"相对月球的位置是否发生偏移来判断宇宙线是否带电。

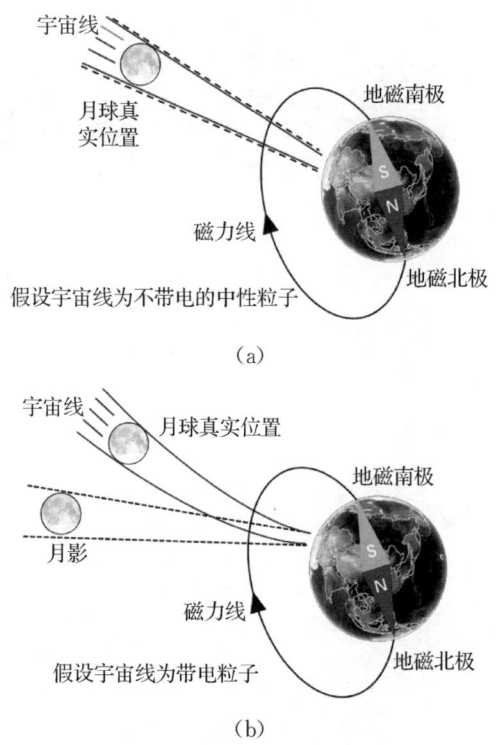

图 7-4 宇宙线不带电(a)和带电(b)时月影位置偏离示意图
（只作定性示意，放大了月影偏移度，不代表实际偏移度）

如何利用校园宇宙线实验的数据观测月影呢？原则上来说，通过坐标转换，我们已经获悉每个宇宙线事例 i 在天区中的方向 (α_i, δ_i)，而对应时刻（MJD）月球在天区中的位置 $(\alpha_{\text{moon}}, \delta_{\text{moon}})$，可以通过月球的轨道计算获得。以月球的位置为坐标原点，选取周围一定角半径（R）范围内的所有宇宙线事例，绘制这些事例的分布天图，赤经为横坐标，赤纬为纵坐标。查看绘制的天图，检验能否看到因月球遮挡导致的宇宙线事例相对缺失的区域，即月影。如果能观测到月影，通过对比与月球的真实位置是否发生偏移，就能判断出宇宙线是否带电。实际上，月影的计算比较复杂，仅通过电子表格软件难以实现，需要借助专业软件。

三、空间实验的直接测量

上述方案都是以自然界磁场为工具，通过地面宇宙线实验的间接测量来判断宇宙线是否带电。除此之外，还可以把探测器搭载到高空气球、卫星以及空间站上，对大气层外的原初宇宙线进行直接测量。比如，2015年在酒泉卫星发射中心发射的暗物质粒子探测卫星（DAMPE）——"悟空"。"悟空"由中国主导研发，完全以科学研究为目标，是我国科学卫星系列的首发星。"悟空"主要由塑闪探测器、硅微条探测器、电磁量能器和中子探测器组成。这些探测器相互配合，不仅可以测量宇宙线粒子的能量、入射方向和到达时间等信息，还可以推测出宇宙线的电荷。

小结

回顾宇宙线的发现历史,科学家们最初通过是否存在"纬度效应"来判断宇宙线是否带电,巧妙地利用了地磁场这一免费"磁谱仪"。我们还可以发散思维,利用所知去探索未知,基于校园宇宙线探测器的观测数据,自己动手设计实验方案去验证原初宇宙线是否带电吧。

第八章
原初宇宙线带正电

原初宇宙线是带电的,那么我们用什么方法来判断它带的是正电还是负电呢?

一、如何判断粒子带正电还是负电

首先我们回顾一下判断粒子带正电还是负电都有哪些方法。

在高中物理课本中写道,带电粒子在电场和磁场中受到力的作用,运动轨迹会发生改变。在静电场中,带电粒子受到电场力的作用,$\vec{F}=q\vec{E}$,当带电粒子沿着垂直于电场线方向运动的时候,正电荷受到的电场力方向与电场线的切线方向相同,并向电场线方向偏转;负电荷则相反。同样,在磁场中运动的带电粒子会受到洛伦兹力的影响,$\vec{F}=q\vec{v}\times\vec{B}$,粒子受到的力的方向垂直于运动方向,带电粒子的运动方向会发生改变。我们可以利用左手定则判断运动电荷在磁场中所受洛伦兹力的方向,如图 8-1 所示。对于负电荷,其受到的洛伦兹力的方向与正电荷相反。

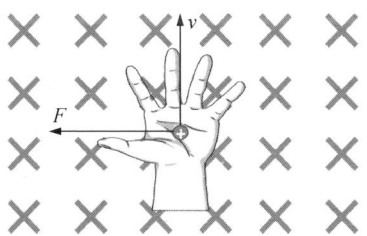

图 8-1　用左手定则判断运动电荷受洛伦兹力方向的示意图

通过给云雾室附加磁场,就会发现世界上第一个反物质粒子——正电子。云雾室中充满过饱和水蒸气或酒精,带电粒子穿过时产生离子,液体凝聚在离子周围形成肉眼可见的轨迹,这与高空飞机在空中留下尾迹是相似的原理。1932年8月2日,美国加州理工学院的安德森利用加了磁场的云雾室观测到了和电子轨迹相似但方向相反的粒子,通过计算,最后得知此粒子和电子质量相等,电荷相反,符合狄拉克对反电子的预言,认为其为电子的反粒子,也就是正电子。

北京正负电子对撞机上的北京谱仪探测器通过在探测器中加强磁场,来测量正负电子对撞后产生的带电粒子在径迹室中的偏转方向,从而推断这些粒子电荷的正负。

地球是有磁场的,当宇宙线穿过地磁场到达地面的时候,会受到洛伦兹力而发生偏转。然而,在地面上只能探测到次级宇宙线粒子,很难直接测量原初宇宙线的电性。接下来让我们一起通过一些有趣的实验来探索原初宇宙线是带正电还是带负电吧!

二、探索原初宇宙线带电的正负

(一) 地磁场

带电粒子在地磁场中会发生偏转,它们是如何偏转的呢?这与地磁场的分布和强度有关。那让我们先来看看地磁场是什么样的。

地磁场源自地球内部延至太空,近似于一个磁偶极子场,如图8-3所示。场强大小为0.25~0.65 G,从两极至赤道逐渐减弱。地磁倾角为$-90°$(上)和$90°$(下)

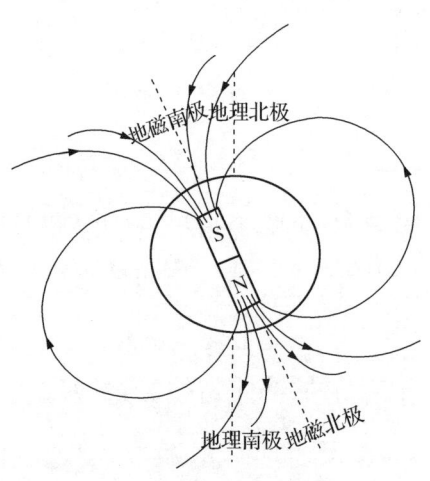

图8-3 地磁场磁偶极简化示意图

第八章 原初宇宙线带正电

之间,在北半球向下倾,在地磁南极(地理北极附近)指向正下方,并随纬度下降而逐渐向上,至"地磁赤道"处完全与地表平行(0°)。往南,倾角继续向上,直到地磁北极处(地理南极附近)指向正上方。地磁场尺度为 10～200 个地球半径,而大气层厚度约六分之一个地球半径,地磁场的厚度远远大于大气层的厚度。地磁场能够使大部分太阳风偏转方向,保护地球大气层免受太阳风中带电粒子的剥离。

(二) 早期宇宙线电性的测量——"东西效应"

当原初带电的宇宙线粒子到达地球外部的广袤空间时,在与大气碰撞前就受到了地磁场的影响而发生偏转,这样会产生一个被称为"东西效应"的现象,即来自西面的宇宙线比来自东面的多,因此到达地面的次级宇宙线粒子也相应表现出"东西效应"来。这种"东西效应"我们可以形象地理解为磁场对于带电粒子的屏蔽作用在东西方向的差异。关于"东西效应"的发现,历史上有一些有意思的故事。

1903 年,挪威的地球物理学家斯托末在解释极光产生的原因时,研究了从远处投射到地磁场中的带电粒子的运动轨迹,发现在地球周围不同区域,从不同方向入射的宇宙线的截止动量是不同的。同时,这种现象对

于正负电荷有相反的规律。

1930年,罗西听说了斯托末的宇宙线粒子在磁场中运动的理论后,预测了一种不对称的现象——"东西效应"。如果宇宙线带正电,来自东边的截止动量比来自西边的高,所以东边有更多的宇宙线无法到达地面;如果宇宙线带负电,结果则相反。因此大家可以通过"东西效应"揭示宇宙线的电性,这种效应在赤道附近更为明显。为此,罗西设计了一个用于测量宇宙线"东西效应"的实验。他将三个盖革计数器分别按照图8-4中的方式放置,编为0号、1号和2号探测器。0号探测器放于上层,1号和2号探测器放于下层。1号和2号探测器中心连线是正东西方向。

宇宙线粒子穿过0号和1号探测器时(从西边来的宇宙线粒子),或者0号和2号探测器(从东边来的宇宙线粒子)时才可以产生计数,罗西称之为"宇宙线望远镜"。因此,罗西的宇宙线望远镜可测量从东方和西方倾斜穿过的宇宙线粒子,并对两个方向的计数进行比较。罗西在意大利佛罗伦萨(北纬43.7°)附近的阿切特里物理研究所做了实验,结果没有看到明显的"东西效应"。

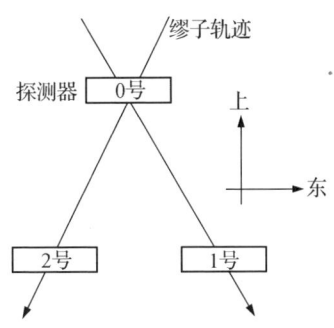

图 8-4 罗西设计的宇宙线望远镜示意图

1933年秋,罗西等人在厄立特里亚的首都阿斯马拉再次进行了测量。该地地磁纬度较低,海拔较高,为测量提供了很好的条件,测量结果显示出明显的"东西效应":来自西面的宇宙线多,表明原初宇宙线带正电。之后,多位物理学家又在不同地点多次进行了"东西效应"实验。

1933年4月,约翰逊预测地磁赤道和北纬34°之间的纬度范围内可以检测到"东西效应"。之后,路易斯和康普顿在墨西哥进行了一系列的测量,结果表明,在天顶角30°和65°之间的角度上,西方宇宙线的流强大于东方强度,在天顶角45°左右最明显。

根据后来越来越多的测量,得到这种差异在赤道是最明显的,赤道海平面东西差异约15%。较大纬度的不对称性降低,在北纬50°,只有2%或3%。另外还发现,在较高的海拔差异更大。

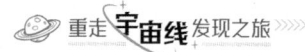

通过上面介绍的宇宙线"东西效应"发现史,我们做一个简单的总结。在某一固定天顶角下,对不同方向测量粒子通量,南面的通量等于北面的通量,西面的通量高于东面的通量。"东西效应"可以用地磁截止动量随入射角的变化来解释。在赤道,东面来的粒子截止动量为 60 GeV,西面来的粒子截止动量为 10 GeV,东面来的宇宙线粒子有比较大一部分被阻挡在了地球外面。

"东西效应"与地磁纬度、海拔高度、天顶角有关。纬度越大,则"东西效应"越小;海拔越高,则"东西效应"越大;天顶角越大,则"东西效应"越大,但在大天顶角($\theta >$ 60°)下,由于大气已经很厚了,造成不对称性的低能粒子被大气吸收,地面上观测到的"东西效应"就不明显了。

利用前面介绍过的校园宇宙线项目的缪子望远镜(如图 1-3,缪子望远镜实物照片)进行"东西效应"的测量时,探测器应放置在四周无建筑物遮挡的位置,防止某个方向的次级宇宙线粒子被建筑物吸收,进而影响测量结果的正确性。望远镜轴向的天顶角调整到 $(30.0°\pm0.1°)$,分别对着东西两个方向测量次级宇宙线粒子的事例率 R_E 和 R_W,利用式(8-1)计算东西方向事例率的不对称性。

$$\mathscr{E} = \frac{R_W - R_E}{1/2(R_W + R_E)} \qquad (8-1)$$

每个方向测量事例数不少于 10000,统计误差小于 1%。

(三) 月影的偏移

我们知道月亮阴影是宇宙线在穿过星际空间向地球传播的过程中,由于受到月球的遮挡,使得月亮方向的宇宙线出现缺失而形成的。宇宙线大部分是带电粒子,所以其从月球附近传到地球过程中会受到地磁场的作用而偏转,相应月亮阴影的位置也会偏移,正负粒子偏转的方向相反。如果宇宙线带正电荷,根据左手定则判断宇宙线向东偏转,反推出月影向西偏移;反之则向东偏移。地面宇宙线阵列实验观测结果显示宇宙线月亮阴影向西偏移,表明宇宙线是带正电的。

(四) 背着探测器到大气层顶部直接测量宇宙线电荷

前面介绍的两种方法都是通过地面探测器测量次级宇宙线粒子并推测原初宇宙线的带电性,属于间接测量。然而,还有一种直接测量的方法,就是将探测器送到大气层上部或大气层外,直接测量原初宇宙线的带电性,但只有搭载磁谱仪的探测器才能实现。最著名的探测器包括阿尔法磁谱仪和帕梅拉探测器。

阿尔法磁谱仪于 2011 年 5 月发射升空,并在轨道

高度400千米的国际空间站上安家。阿尔法磁谱仪可以有效区分电荷的正负。通过多种探测器的联合测量,实现对原初宇宙线电荷的精确测量。

帕梅拉探测器(反物质探索和轻核天体物理学有效载荷)是一个搭载在地球轨道卫星上的宇宙线研究模块。该探测器于2006年6月15日发射,是第一个专门致力于探测宇宙线的卫星实验,特别关注反物质成分,如正电子和反质子。因此,它同样可以有效判断宇宙线粒子电荷的正负。

小结

回顾高中物理知识,重温左手定则,并利用左手定则来判断带电粒子在磁场中的受力方向;了解地磁场模型,进一步认识带电的宇宙线粒子在地磁场中的偏转规律;理解"东西效应"的原理并学习关于"东西效应"的测量历史;通过实验验证"东西效应"并证明宇宙线粒子主要带正电;最后了解利用宇宙线观测到月影向西偏移,进一步证明宇宙线粒子主要带正电。

第九章
日源说

在一个寂静的夜晚,当星光闪烁时,人们常常会陷入沉思,思考着一个古老而深刻的问题:"我从哪里来?"同样地,宇宙线的发现也引发了人们的思考:"这些地球以外的辐射是从哪里来的?"在寻求答案的过程中,科学家们进行了大量研究和观测,提出了多种理论和假设。

在本章,我们把宇宙线起源问题讲给大家,以使用校园宇宙线探测器回答日源说为起点,讲述寻找宇宙线起源的主流方法,为读者提供与这个科学问题进行对话的桥梁。

一、认识太阳

我们头顶上的太阳是第一个被考虑的宇宙线候选源。太阳是太阳系的中心天体,也是距离地球最近的恒星。太阳的质量在整个太阳系中占比高达 99.8%,它的化学成分主要为氢和氦,以及少量较重元素。它从里向外依次为日核、辐射区、对流层、光球层和大气等。

在太阳的日核中,无时无刻不在发生质子—质子间的聚变反应,每秒释放约 10^{45} eV 能量,这些能量通过辐射的方式依次向太阳外层输送。同时,日核中的核聚变还产生大量中微子,这些中微子直接穿透太阳向外发出。此外,太阳还不断将其大气中的等离子体向外吹出,形成持续的太阳风。在太阳活动爆发时,还向外发射高能粒子。那有没有一种可能性,赫斯在地球上发现的宇宙线就是来源于我们熟悉的太阳呢?时间回到 1912 年,让我们跟着赫斯开启高空气球之旅,一起来探索宇宙线与太阳的关系。

二、赫斯的高空气球之旅

1911~1913年,赫斯将验电器架设在气球上,进行了10次飞行实验,测量空气电离度随海拔高度的变化。他发现电离度一开始随着海拔高度升高而降低,继而急剧上升。赫斯试图探索宇宙线与太阳的关系,最关键的一次飞行是在1912年4月17日。这天奥地利发生了几近日全食现象。赫斯在海拔1900~2750米的高空进行了观测,天空几乎完全被云层覆盖。在观测过程中,赫斯没有观察到随着日食程度加深而出现的空气电离度减少的现象。他得出结论,使空气发生电离辐射的不是来自地球之外的太阳,而是来自更远的宇宙。在后来的观测中,赫斯未发现白天和夜晚空气电离度有明显的差别,因此上述观点得到进一步证实。

三、地面"玩具"探秘

高空气球实验可以被视为一项勇敢者的游戏,需要特定的装备和专业知识,只有经过专门培训和具备相关经验的人才能够参与。而我们现在用校园宇宙线探测器阵列就可以更安全、便捷地探测宇宙线,重走宇宙线的发现之旅,探索宇宙线的太阳起源之谜。

(一) 计算宇宙线事例率

在观测宇宙线时,由于观测时长不同导致测量到的宇宙线数量可能不同。因此使用单位时间内观测到的宇宙线个数即事例率,来描述探测到宇宙线的真实情况。根据统计学原理,相邻两个原初宇宙线的时间差 dt 满足指数分布,其函数表达式如下。

$$f(dt) = Ae^{-Rdt} \quad (9-1)$$

其中 t 是时间,R 是事例率。在数据中统计不同时间差 dt 下的宇宙线个数,就能得到表达式(9-1)的指数分布,进而确定事例率 R。利用 2021 年 12 月 27 日的观测数据,计算得到用校园宇宙线探测器阵列探测到的宇宙线事例率约为 0.19 Hz,具体见图 9-1 拟合公式中的指数系数。

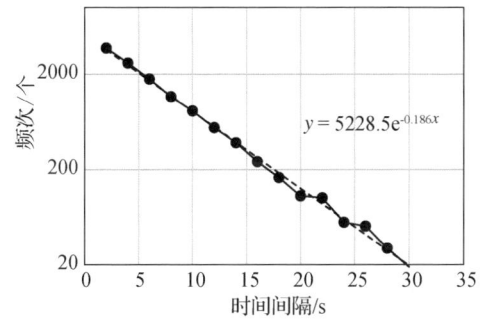

图 9-1 相邻两个宇宙线观测时间差的分布
(点是分布结果,虚线和公式是趋势线及相应结果)

(二) 白天和夜晚的宇宙线

与赫斯通过测量日夜空气电离度来间接判断宇宙线是否来自太阳的原理相似,我们利用校园宇宙线探测器阵列测量白天和夜晚的宇宙线事例率来继续探索这个问题。随着地球的自转,校园宇宙线探测器阵列会在白天面向太阳,在夜晚由于地球自身的遮挡而背向太阳,具体见图 9-2。通过比较白天和夜晚宇宙线的事例率,就能判断宇宙线是否来自太阳。

我们利用 2021 年 12 月 27 日全天的观测数据来探究这一问题。所有的原初宇宙线按照观测时间分成白天和晚上两个数据样本,分别计算这些宇宙线的事例率。通过计算,白天和夜晚观测到的宇宙线事例率分别为 0.19 Hz 和 0.18 Hz,没有明显差异,表明太阳不是主要宇宙线源。

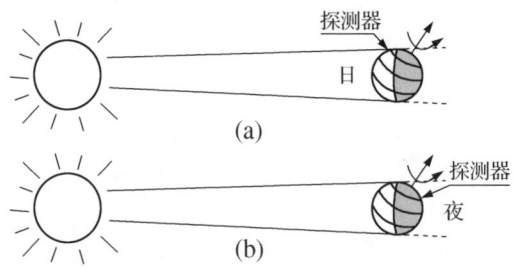

图 9-2 探测器在白天(a)和夜晚(b)观测宇宙线示意图
（左球体和右球体分别为太阳和地球）

（三）日食过程的宇宙线

月球在运动到日地之间时会遮挡住太阳照射到地球的光，见图 9-3 中地球上的小阴影区域，从而形成日食。在日食过程中，太阳会逐步被月球遮挡再逐步显现。根据观测的遮挡特征，日食又分为日全食和日偏食等。日全食在全球范围内约 1.5 年发生一次。赫斯在罕见的日食期间测量空气电离度来判断宇宙线是否来自太阳。与赫斯的探究原理相似，我们也可以利用校园宇宙线探测器阵列来测量日食前后，以及过程中(图 9-3)宇宙线事例率随时间的变化来继续探索这个问题。

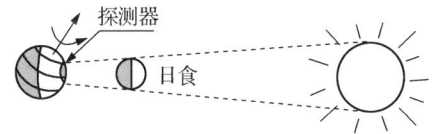

图 9-3 探测器在日食期间观测宇宙线示意图
（左球体、中球体和右球体分别为地球、月球和太阳）

（四）为宇宙线拍一张照片

1912 年，因受到测量方法的限制，赫斯不能利用验电器来确定宇宙线的方向。在探索宇宙线的太阳起源之谜时，赫斯不得不在夜晚、日食这种特殊条件下带着验电器乘坐气球一次一次飞行。而今天，校园宇宙线探测器阵列可以通过方向重建得到原初宇宙线的方向信息。用这个"玩具"对着天空持续"曝光"，就可以为宇宙线拍一张照片。如果宇宙线是太阳发射的，那么在照片中我们应该可以看到宇宙线集中在太阳运动的轨迹上，从东方升起，划过我们的头顶，向西方落下。

为了验证这个猜想，我们将 2021 年 12 月 27 日全天的观测数据中的所有原初宇宙线按照天顶角和方位角的大小排列在相纸上，就得到了一张宇宙线的照片（图 9-4）。照片中，宇宙线并没有集中在一条轨迹上，而是散落在整个天空。因此，太阳并不是宇宙线的主要起源。虽然，观测结果表明太阳并不是宇宙线的起源，但它们引发了更多的思考,这对于理解宇宙线的起源具有重要意义。

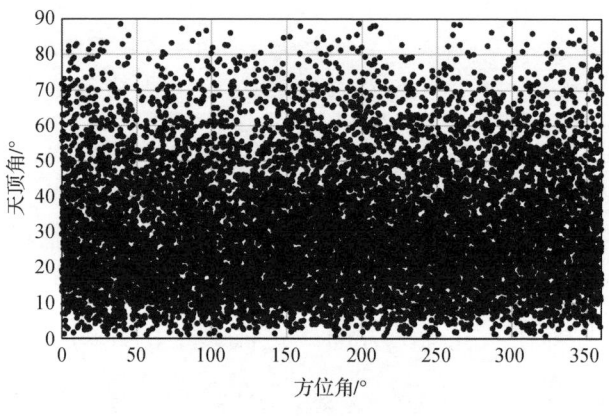

图 9-4　宇宙线的照片

四、 上天入海探究宇宙线的起源

在宇宙线被发现的 100 多年里,人们已经了解到宇宙线中绝大部分粒子是带电的原子核,只有少量的电子、光子和极难探测的中微子。宇宙线(如不做特殊说明,指的是宇宙线中的带电原子核)在宇宙空间的星际磁场中经过了漫长的传播过程,受到洛伦兹力的影响,它们在到达地球前就失去了原初方向信息(图 9-5)。因此,

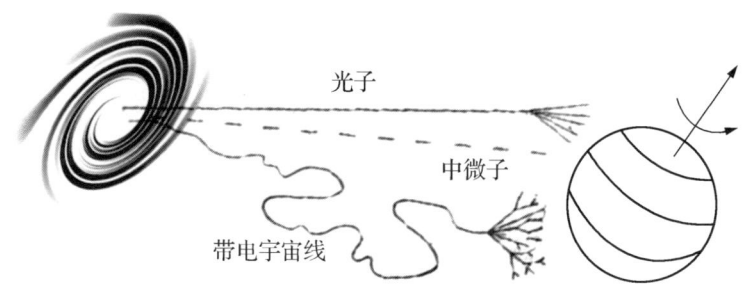

图 9-5 宇宙线传播过程示意图

（左螺旋图标和右球体分别为宇宙线源和地球）

直接定位加速宇宙线的天体变得非常困难。这些能量高的粒子究竟来自哪里呢？粒子能够不断获得加速的前提条件是能被束缚在加速区，这就要求粒子的回旋半径不能超过星体的大小，即 $E_{max} \sim ZBR$。其中，Z 是带电粒子电荷，B 是磁场强度，R 是星体的半径。这样根据天体目标的磁场和尺度信息便可锁定候选源。我们已经知道高能宇宙线主要来自太阳系以外的银河系，以及银河系之外更加遥远的地方。虽然人们还不能准确说出这些宇宙线是在什么地方产生的，但探寻它们的手段已经多种多样，我们离解开宇宙线起源之谜越来越近。

宇宙线在星际磁场中的偏转随着能量的升高而减小，当宇宙线能量高到某一程度时（比如能量高于 10^{19} eV），观测到的宇宙线到达方向已经可以近似指向加速源所在的位置。这些极高能的宇宙线非常少，在 1 平方千米的面积上100年才落下1个。为了克服流强弱这个问题,极高能宇宙线探测器规模十分巨大。另外,宇宙线与星际介质中物质相互作用产生γ射线和中微子。γ射线和中微子不带电,在宇宙空间中传播不会偏转,是研究宇宙线起源问题的重要"探针"。中微子与其他物质发生相互作用的截面极小,不容易被探测到。如果想要捕获中微子,则需要庞大的探测介质,这些探测介质非人力可为,通常要依托于自然,如位于南极冰层下1450~2450米,体积1立方千米的冰立方中微子望远镜(IceCube)。目前,其是观测宇宙线中微子最好的探测器阵列,已经观测到多个中微子事例,但还没有找到宇宙线的起源。

相比于中微子和极高能宇宙线,γ射线的探测相对容易许多。随着空间和地面探测技术的发展,已经有5000多个GeV γ源和约250个TeV(太电子伏特,$1\text{ TeV}=10^{12}\text{ eV}$)γ源被观测到。其中γ射线源的种类主要包括,位于银河系内的脉冲星及其星云、超新星遗迹、γ射线双星、超级泡等,还有位于银河系外的活动星系核、星爆星系、γ射线暴等。这些γ射线源的发现为我们进一步接近宇宙线起源问题的真相提供了重要线索。然而需要注意的是,高能γ射线也可以由源区加速的高能电子产生,并不一定直接与宇宙线有关。利用γ射线天文学回答宇宙线起源问题的关键是观测到更多数量、更多种类以及更高能量的γ射线源。同时联合其他多波段的观测，寻找到γ射线源和宇宙线的关联证据。

宇宙线的起源是一个未解之谜，曾被美国国家研究委员会列为21世纪11个最前沿的天文和物理问题之一。面对宇宙线研究领域的科学机遇，瞄准宇宙线起源问题，我国宇宙线物理学家们提出了建设高海拔宇宙线观测站。高海拔宇宙线观测站利用1/2阵列11个月的数据已经在银河系内发现12个稳定的超高能γ射线源，并记录到能量达1.4 PeV（拍电子伏特，1 PeV＝10^{15} eV）的γ光子，突破了人类对银河系粒子加速的传统认知。高海拔宇宙线观测站开启了"超高能γ天文学"时代，有望揭开宇宙线起源之谜。

小结

太阳不是宇宙线的主要来源,但它确实能够产生一些高能粒子,被称为太阳宇宙线。太阳宇宙线的能量较低,一般小于 10^{11} eV。能量更高的宇宙线主要来自太阳系以外的银河系,以及银河系之外更加遥远的地方,但高能宇宙线具体起源于哪里仍未可知。

重走宇宙线发现之旅已经结束,通过缪子望远镜和校园宇宙线探测器的帮助,我们对宇宙线有了初步的了解。然而,对于宇宙线起源的研究仍在进行中,我们都是这场旅途中的行人。

后记

我们是一群从事宇宙线研究的科学工作者,其中有中国科学院高能物理研究所的数据分析人员、实验人员和在读博士生。在经历了国家重大科学设施的建设后,我们想把一些科学感悟分享给大家。市面上已经有很多科普书籍,我们把这本书归类为关于科学教育的用书。我们不希望读者又多了一堆需要记忆的知识,而是让读者了解前人是如何倾尽全力去挖掘知识的,他们是如何思考的。大家都听过点石成金的故事,科学的思维方式和学习"如何学习"就是金手指,而知识是金子,一个人不可能装下全部金子,我们只要金手指就可以了。

全书以对宇宙线性质的探知为线索,从一件看似与宇宙线毫无关联的事件(空气电离)开始,到认识、认知、了解宇宙线,再到发现宇宙线依然有很多未解之谜。我

们希望读者能认识到,科学研究绝不是脱离生活或者高高在上的,而是就在日常生活中。同时我们也想提醒读者,我们只是写了一条所谓正确的认知路线,但是在历史上每一个认知都是经历了无数次失败才获得的,绝不像我们写得那么轻松简单,也希望读者能够正确认识失败,在生活中不要害怕、厌恶失败。歌德曾经说过,人只要有追求,就会犯错误。失败是科学思维的重要组成部分。

  这本书的写作过程是各位作者交流与碰撞的过程,也是各位作者可以一起进步的过程,相信这样的进步同样会促进各位作者科研工作的进利进行。本书初稿形成后,有关专家和一线教师都提出过宝贵的意见,谨此一并致谢。科学教育用书的编写是一次尝试,真诚欢迎广大师生在使用过程中提出宝贵的意见和建议,以便我们进一步修订完善。

校园宇宙线技术组

2023 年 11 月 11 日

附录一 水桶里的宇宙线

一、切伦科夫辐射

在 1955 年日内瓦举行的"和平利用原子能"国际会议上,美国展览馆的"游泳池式"反应堆吸引了全体参会人员的关注。当这座反应堆工作时,即使在功率非常低的情况下,人们也能看到那浸有反应堆的水不断地发射出一种强烈的蓝白色光。

20 世纪初期,居里夫妇在做浓缩镭实验时就观察到了这种蓝色可见光,但是由于当时物理学界没有现成的理论来解释这种现象,因此当时的物理学家们认为这是 γ 射线的一种二次效应。1934 年,苏联物理学家切伦科夫在实验中发现,当带电粒子在透明介质中的传播速度大于光在该介质中的传播速度时,会发出蓝色可见光。直到1937年,弗兰克和塔姆基于经典电动力学对这种现象给出了描述,才使得人们对切伦科夫辐射有了一个全面而正确的认识。也正因为切伦科夫、弗兰克和塔姆对切伦科夫辐射的突出研究贡献,三人获得了1958年的诺贝尔物理学奖。"游泳池式"反应堆发出的蓝白色光,是反应堆的中心所发出的快速电子通过水而引起的。

根据狭义相对论,具有静质量的粒子运动速度不会超过真空中的光速c,而光在介质中的传播速度是小于真空中的光速c的。例如在水中,光的传播速度仅是$0.75c$,但带电粒子在介质中的速度v是可以接近真空中的光速c的,于是就超过了光在介质中的速度,导致产生光子震波,从而产生切伦科夫辐射(附图1-1)。这种现象可以类比超音速飞行器的音爆现象,由于超音速物体产生的声波速度无法快到足以离开物体,因此波"堆积"了起来,形成了一个震波波前。

在缪子路径上,每个点都会向与缪子成θ角的方向发射切伦科夫光子。切伦科夫发射角θ可由真空中的光速c,介质的折射率n,缪子的速度v计算出,其关系具体如下式。

$$\cos\theta = \frac{c}{nv}$$

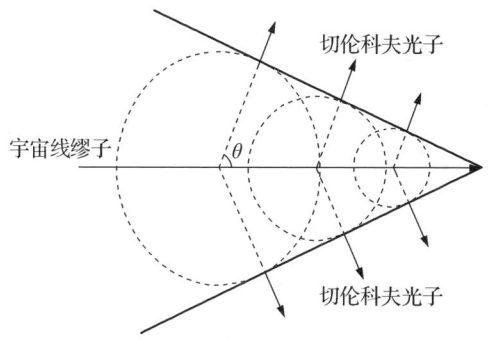

附图 1-1 一个缪子穿过水时产生切伦科夫辐射示意图

切伦科夫发射角可以用来计算产生切伦科夫辐射的带电粒子的方向及速度。切伦科夫辐射发出光子的频谱呈连续性，并且相对强度与频率成正比，也就是高频率（波长短）的切伦科夫辐射会有较强的强度。这也解释了为何切伦科夫辐射在人眼看来呈现蓝白色，因为可见光波段部分的蓝色光频率高、波长短。

随着探测技术的发展，切伦科夫辐射被广泛地应用于天文学、化学、光学、医学、核物理等科学领域中，对基础研究具有十分重要的意义。当今高能物理实验中，水是切伦科夫探测器常用的介质。我国的大亚湾中微子实验中的水切伦科夫探测器（附图 1-2），也叫反符合探测器，用来探测宇宙线粒子。有了这个数

附图1-2 大亚湾中微子实验中的水切伦科夫探测器
（图中为实验的远点探测器，4个圆柱
形中心探测器浸泡在10米深的水池中）

据，就可以在中微子信号的分析中去掉宇宙线信号的影响，同时，水也起到屏蔽周围岩石放射性粒子对中心探测器的影响的作用。还有高海拔宇宙线观测站的水切伦科夫探测器阵列（附图1-3），探测器具有高灵敏度、大视场和高本底排除能力的优点，在超高能γ射线源的寻找、监测等巡天探测方面发挥着重要作用。

国际上，水立方中微子望远镜（KM3NeT）主要以海水为切伦科夫发光介质，用PMT来探测中微子发生反应产生的缪子或者电子。日本的超级神冈实验

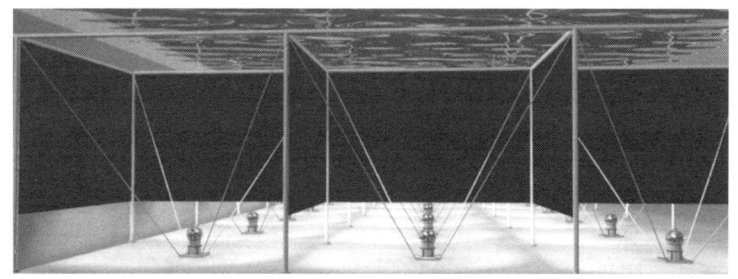

附图 1-3 高海拔宇宙线观测站的水切伦科夫探测器阵列

(Super-K)建在地下 1000 米深处,探测器由高和直径都约 40 米的圆柱体超纯水池组成,将超纯水作为切伦科夫发光介质,通过探测大气中微子以及太阳中微子反应产生的次级粒子在水中的发光信号,从而实现对中微子的探测目的。

别看用于做科学研究的切伦科夫探测器体积巨大,其实结构非常简单,是由产生切伦科夫光的介质和探测切伦科夫光的探测器构成。也就是说,我们利用水和 PMT,就可以在家里亲手搭建一个简易的小水切伦科夫探测器去探测微观粒子。

二、水切伦科夫探测器的搭建

1. 器材准备

实验需要准备的器材见附表 1-1。

附表 1-1 实验器材列表

名称	具体内容	数量单位
水桶	不锈钢或者不透光塑料材质,容积 20~50 L(带盖子)	1 个
水	自来水	50 L
PMT	2~3 英寸 PMT,带分压器、高压线和信号线	1~3 个
反射膜	特卫强(Tyvek)膜或铝膜等,需具有较高反射率	1 m²
高压电源	可供 PMT 工作	1 台
示波器	教学用示波器	1 台
电子学系统（可选）	核仪器插件(NIM)机箱、插件(有条件的可准备)	1 套或多个
玻璃胶	密封用	1 管
黑色胶带	用于避光密封	1 卷
黑布	用于避光	2 m²
其他辅助材料	壁纸刀、线缆等材料或工具	1 份

2. 实验搭建

首先打开桶盖,侧壁和桶底紧贴反射膜;顶部盖子内侧也贴反射膜。这是为了增加桶内 PMT 对光的收集。

紧接着要给桶盖挖洞,将PMT贴在桶盖上。具体将桶盖取下来,在桶盖上按照PMT尺寸挖一个相同大小的洞,将PMT套上去,注意PMT光阴极需要在桶盖内侧,PMT尾端的分压器电路板在外侧;使用不透明的玻璃胶封住PMT和桶盖之间的缝隙,使得光不能通过桶盖。抹胶完毕后,放置24小时,待胶固化。之后需要盖紧桶盖,注意任何光线不能从外侧进入水桶内部。在桶盖外侧连接PMT尾端的分压器,如果PMT尾管是透明的,需要使用黑色胶带缠绕尾管和分压器,防止光从此处进入。水桶整体是黑色或者不透明的,以防来自太阳或其他光源的光漏进去,但是桶盖和桶体之间依然可能会漏微弱的光,此时需要在桶外再包裹一到两层黑布。

还需要进一步验证这台探测器是否漏光。连接PMT的高压线到高压电源,连接信号线到示波器。加电压,看PMT是否有信号,信号是否正常。测试完后关闭高压电源。

最后给桶内注水进行实验测试。一切正常后,打开桶盖,往桶里灌自来水,可以灌到水淹没PMT(附图1-4)。盖上桶盖和黑布,打开PMT电压,示波器上看PMT信号,能看到PMT信号比桶内没有注水时候大了很多。示波器的触发阈值可以调高一点,到几十毫伏(mV,电压单位,1 mV＝0.001 V),就能看到 PMT 依旧有信号,这就是宇宙线信号,即宇宙线穿过水桶产生切伦科夫光,PMT 收集多个光信号。

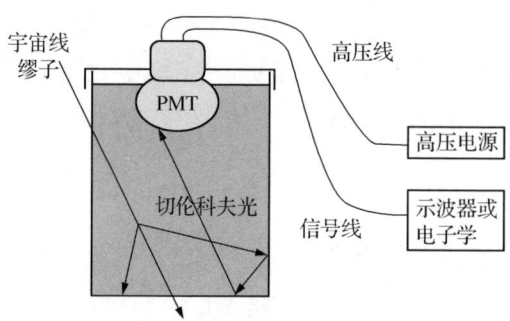

附图 1-4　水切伦科夫探测器示意图

三、实验研究

1. 观察 PMT 信号,理解宇宙线产生信号的整个过程

调节触发阈值,固定到一个较大阈值,比如几十毫伏,如果没有反射膜,在示波器相同触发阈值下是否能看到信号,是否能看到这么大幅度的信号?

2. 研究阈值和信号事例率的关系

如果示波器有显示信号事例率的功能,可以改变示波器阈值,得到不同阈值下信号的事例率,并画出它们的关系曲线。如果有电子学低阈甄别器插件和计数插件,可以将信号线直接连接到低阈甄别器插件上,并引出到计数插件。改变阈值,每次统计 100 s 的计数,记录到实验记录本上,最后画出其关系曲线。

3. 研究灌水高度对信号幅度和事例率的影响

固定示波器的阈值不变,比如 20 mV,在水桶里加不同深度的水,利用示波器计算平均波形的功能,看波形峰值的变化,从而研究水深和信号幅度的关系,并画出它们的关系曲线。如果示波器有显示信号事例率的功能,还可得到水深和信号事例率的关系曲线。如果实验室有条件,有电子学插件,可以将 PMT 信号连接到电子学插件上,做水深和事例率的关系统计。

4. 如果示波器能记录波形,可以对波形进行分析研究,进行积分,得到信号的幅度谱和电荷谱

计算每个信号的最大幅度,对大量信号做统计,对幅度画统计直方图,即为信号的幅度谱。对信号进行积分,从而可以得到信号的电荷,同样进行统计,画出直方图。积分方法参照公式:$Q = \sum_i \dfrac{U_i}{R} \cdot t$,其中 U_i 为存

储的波形第 i 个点的电压值；R 为电路的接地电阻 50 Ω；t 为波形上每个点的时间间隔，不同型号的示波器，采样率不一样，需要查看该示波器型号下采样点时间间隔。公式中都用国际单位，得到的电荷 Q 单位即为 C。多个信号统计出 Q，画出直方图，即为电荷谱。

实验中，改变水的深度就能得到不同深度水时的幅度谱和电荷谱。

讨论：如果有条件，也可以放两个 PMT，研究符合测量。两路高压分别供电，两路信号通到示波器上，使用一路去触发另外一路，从而得到两路符合信号（两路同时都有信号）。这里还可以自己开发，做其他有意思的探究。

小结

简易的水桶实验自己就可以动手搭建，利用实验室已有的示波器和 PMT，就能看到宇宙线信号，学习宇宙线的基本知识和水切伦科夫探测器的观测方法。

实验还留有一些开放问题。桶里面的水量会对宇宙线探测有影响吗？水质会影响探测结果吗？怎么确定桶的避光处理已做好呢？多个 PMT 放一个桶里面是怎么样的呢？

附录二 云雾室操作手册

一、实验原理

1. 背景

粒子物理学是一门充满抽象概念的学科,学习时很难将概念形象化,这就变得很麻烦。例如,当学习微观粒子时,对于原子结构、基本粒子等概念只能通过公式、文字、图片加上想象来理解与认知。因此,在学习粒子物理课程过程中,引入生动形象的简单实验非常重要。鱼缸云室,将有助于学生理解微观粒子的相互作用、辐射、放射性衰变等知识。我们设计和制作了相关器材,在前人工作的基础上,对设备进行改进,从而更容易得到可靠的实验结果，让更多人看到微观世界。

2. 原理

人类无法直接用肉眼看到粒子径迹，云室的发明让人类第一次可以看到粒子的运动轨迹。第一个云室也就是威尔逊云室，它的发明者威尔逊因为该发明，与康普顿共同获得了 1927 年的诺贝尔物理学奖。

云室内充满过饱和酒精或者水蒸气，当一个高能带电粒子（比如一个 β 粒子），与云室内的蒸汽作用发生电离，生成的离子会扮演凝结核的角色，使离子周围的蒸汽凝结成小液滴。沿着带电粒子的轨迹会产生很多离子，也就凝结成很多小液滴，这些小液滴不会马上消失，从而显现出带电粒子的运动轨迹。从这些粒子留下的轨迹形状可以识别粒子的各种信息，进而研究这些粒子。正电子、缪子和 K 介子等粒子就是在云室中被发现的。

如何在云室内形成一个过饱和的蒸汽环境是实验的关键，具体涉及两个因素：整个罐内存在较高浓度的乙醇和较高的温度梯度。首先在罐底部倒入少量酒精，在罐体上盖固定浸润酒精的海绵条，使得罐内酒精的浓度足够高；其次，在底部用干冰冷却，顶部处于室温或者用热水加热，让罐体内自上而下形成较高的温度梯度。

云室不仅可以用来观察宇宙线和天然放射性物质产生的带电粒子,还可以通过在罐体中放置低剂量辐射源,如镅241或者钍棒,观察放射源产生的粒子轨迹。

二、云雾室搭建流程

1. 清点物品

按照附表2-1和附图2-1清点实验物品。

附表2-1 实验物品表

名　称	数　量	单　位
泡沫保温箱	1	个
黑色铝合金底板	1	块
透明亚克力外壳	1	个
透明亚克力盖子	1	个
硅胶	1	管
塑料刮板	1	块
海绵条	1	卷
塑料螺栓	4	套
胶手套	1	双
棉手套	1	双
护目镜	1	副
手电筒	1	个
手机支架	1	个

海棉条　黑色铝合金底板　护目镜　胶手套　泡沫箱

手电筒　手机支架　塑料螺栓　透明亚克力盖子　透明亚克力外壳

附图 2-1　实验物品(部分展示)

2. 操作步骤

（1）清洁准备

戴好胶手套和护目镜，取出黑色铝合金底板、透明亚克力外壳等，擦拭干净，准备好硅胶和塑料刮板。见附图 2-2。

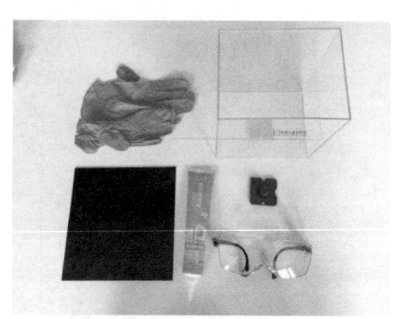

附图 2-2　清洁准备

（2）制作盒子

取出透明亚克力外壳，将外壳放在黑色铝合金底板中间，沿接缝处挤压出硅胶，密封一圈，然后用塑料刮板刮均匀。见附图 2-3。

附图 2-3　盒子制作步骤

（3）固定海绵条

取出海绵条，剪两段，每段长约 15 cm，将每段海绵条通过两个塑料螺栓固定在透明亚克力盖子上。见附图 2-4。

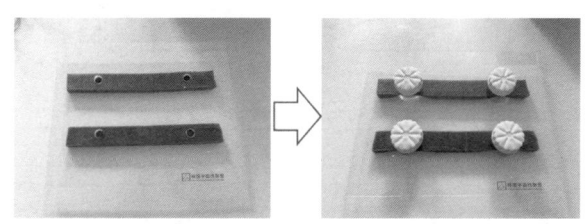

附图 2-4　固定海绵条

（4）平铺干冰

戴好棉手套，取出干冰，铺在泡沫保温箱的底部，铺平、铺满。见附图 2-5。

附图 2-5　平铺干冰

(5) 加酒精

往透明亚克力盒子里注入 5 mm 高的浓度是 99% 的酒精,并将盖子上的海绵条用浓度是 99% 的酒精打湿。见附图 2-6。

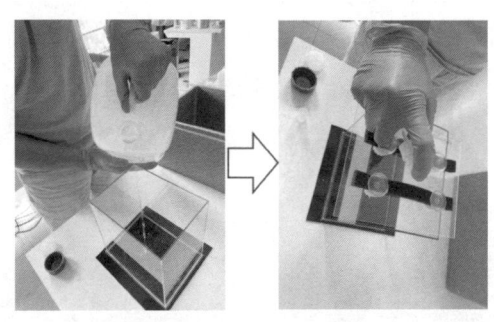

附图 2-6　加酒精

(6) 降温

将盒子放进泡沫箱中,盖好盖子,并使底板充分与干冰接触,静置降温。见附图 2-7。

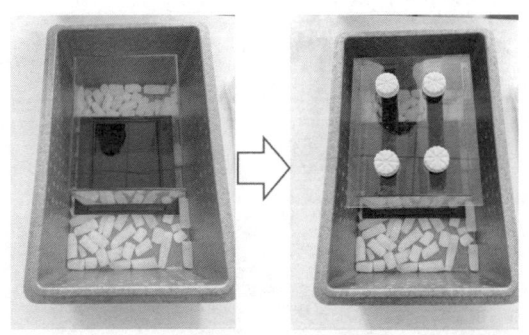

附图 2-7　等待降温

(7) 观察

降温约 5 分钟后,将手电筒打开放置到盖子顶部并朝下打光,观察云雾室起雾状态,在云雾中观察粒子径迹。见附图 2-8。

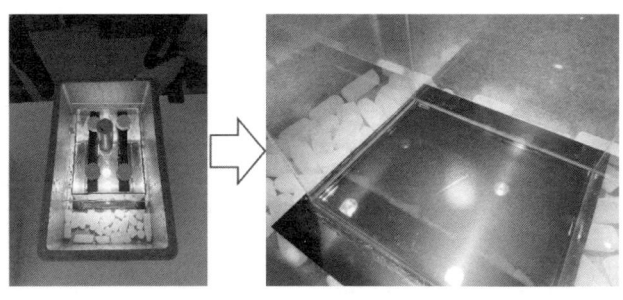

附图 2-8　观察径迹

(8) 摄像拍照

用手机支架将手机固定至合适位置,朝云雾室内部聚焦,可拍摄粒子径迹。见附图 2-9。

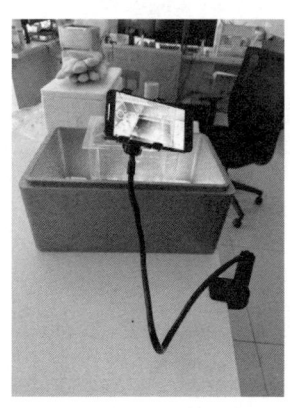

附图 2-9　手机拍摄

三、注意事项

1. 干冰、浓度是99%的酒精均属于易挥发物,需提前自备。

2. 浓度是99%的酒精属于易燃物,严禁明火。

3. 干冰温度有−70 ℃,请勿用手直接接触,以免冻伤,必须戴棉手套抓取,也可以使用夹子。

4. 实验完成后,建议将泡沫保温箱端至窗户旁,开窗通风,使干冰完全挥发后再取出云雾室。

四、问题及解决方法

问题1:酒精渗漏怎么办?

解决方法:用硅胶涂抹渗漏处。

问题2:罐体起雾怎么办?

解决方法:低温会导致罐体外部存在水蒸气凝结,看不清云室内部,可以使用纸巾擦拭罐体外部;但不可打开盖子,以免破坏内部温度梯度。

问题3:看不到粒子径迹怎么办?

解决方法:调整观测角度,仔细观察掉落的酒精小液滴;调整手电筒光照角度;为罐体上盖增加热源,提高温度梯度。

参考文献

1. Coulomb C A. Troisieme mémoire sur l'Électricité et le Magnétisme [J]. Histoire de l'Académie Royale des Sciences, 1785: 612-638.
2. Ma X H, Bi Y J, Cao Z, et al. LHAASO Instruments and Detector technology[J]. Chinese Physics C, 2022, 46(3): 030001.
3. KM3NeT Collaboration. Dependence of atmospheric muon flux on seawater depth measured with the first KM3NeT detection units The KM3NeT Collaboration[J]. European Physical Journal C, 2020, 80 (2): 99.
4. Aartsen M G, Ackermann M, Adams J, et al. The IceCube Neutrino Observatory: instrumentation and online systems [J]. Journal of Instrumentation, 2017, 12(03): P03012.
5. Fukuda S, Fukuda Y, Hayakawa T, et al. The super-kamiokande detector[J]. Nuclear Instruments and Methods in Physics Research Section A: Accelerators, Spectrometers, Detectors and Associated Equipment, 2003, 501(2-3): 418-462.
6. French national institute of nuclear physics. A permanent shelling of the Earth's atmosphere [EB/OL]. [2023-10-10]. https://radioactivity.eu.com/categories/in_daily_life/dose_cosmic.
7. Morishima K, Kuno M, Nishio A, et al. Discovery of a big void in Khufu's Pyramid by observation of cosmic-ray muons[J]. Nature,

2017，552(7685)：386-390.

8. Arab Republic of Egypt Ministry of Antiquities. Scan Pyramids [EB/OL]. [2023-10-10]. http://www.scanpyramids.org/index-en.html.

9. S. Navas et al. Particle Data Group [J]. Phys. Rev. D，2024，110，030001.

10. Unger M. Muons in Air Showers at the Pierre Auger Observatory [C] // Proceedings of International Symposium for Ultra-High Energy Cosmic Rays (UHECR2014)，2016：010020.

11. Bertolotti M. Celestial messengers：cosmic rays：the story of a scientific adventure [M]. Springer Science & Business Media，2012.

12. Auger P，Ehrenfest P，Maze R，et al. Extensive cosmic-ray showers [J]. Reviews of modern physics，1939，11(3-4)：288.

13. 何会海. 宇宙线研究进展评述与展望 [J]. 物理，2013，42(01)：33-39.

14. 刘佳. LHAASO-KM2A 探测器与原型阵列设计及性能研究 [D]. 中国科学院大学，2013.

15. Heitler W. The quantum theory of radiation [M]. Courier Corporation，1984.

16. 马文彦，邱晓林，齐格奇，等. 用符合法测量 β 放射源的活度 [J]. 计量技术，2002(07)：32-34.

17. 曹臻，张力，毕效军，等. LHAASO 计划项目建议书 [M]. 中国科学院高能物理研究所，2014：37-38.

18. Zhou H. Search for TeV gamma-ray sources in the galactic plane with the HAWC observatory [D]. Michigan Technological University，2015.

19. Hess V F. Über Beobachtungen der durchdringenden Strahlung bei sieben Freiballonfahrten [J]. Z. Phys.，1912，13：1084.

20. NASA Goddard Space Flight Center. Fermi Gamma-ray Space Telescope [EB/OL]. [2023-10-10]. https://fermi.gsfc.nasa.gov/#whatsfermi.

21. Scott W，Deirdre H. TeVCat [DB/OL]. [2023-10-10]. Welcome to TeVCat, an Online Gamma-Ray Catalog! (uchicago.edu).

22. COMPTON A H. CHAPTER XXIV THE NATURE OF COSMIC RAYS * ARTHUR H. COMPTON [J]. The Science of Radiology，1933：398.

23. Bertolotti M. Celestial messengers: cosmic rays: the story of a scientific adventure[M]. Springer Science & Business Media, 2012.
24. Störmer C. Periodische Elektronenbahnen im Felde eines Elementarmagneten und ihre Anwendung auf Brüches Modellversuche und auf Eschenhagens Elementarwellen des Erdmagnetismus. Mit 32 Abbildungen[J]. Zeitschrift für Astrophysik, Vol. 1, p. 237, 1930, 1: 237.
25. Smart D F, Shea M A, Flückiger E O. Magnetospheric models and trajectory computations[J]. Space Science Reviews, 2000, 93(1): 305-333.
26. Lemaitre G, Vallarta M S. On Compton's latitude effect of cosmic radiation[J]. Physical Review, 1933, 43(2): 87.
27. 吕洪魁, 宇宙线粒子运动速度的测量[J]. 现代物理知识, 2022, 5:54-58.
28. Evangelista E F D, Domingues M O, Mendes O, et al. A brief study of instabilities in the context of space magnetohydrodynamic simulations[J]. Revista Brasileira de Ensino de Física, 2016, 38(1): 1309.
29. An F P, Bai J Z, Balantekin A B, et al. The detector system of the Daya Bay reactor neutrino experiment[J]. Nuclear Instruments and Methods in Physics Research Section A: Accelerators, Spectrometers, Detectors and Associated Equipment, 2016, 811: 133-161.
30. 中微子探测器成功安装在巨型水池之中[EB/OL]. [2023-10-10]. http://pic.ihep.cas.cn/tpk/dkxzz_tpk/pic_DYB/201308/t20130808_3910445.html.
31. WCDA 水池内部结构图[EB/OL]. [2023-10-10]. http://ihep.cas.cn/lhaaso/gctc/index_1.html.
32. 水立方中微子望远镜 KM3Net 官网[EB/OL]. [2023-10-10]. https://www.km3net.org/.
33. 冰立方中微子望远镜 IceCube 官网[EB/OL]. [2023-10-10]. https://icecube.wisc.edu/.
34. 日本的超级神冈实验 SuperKamiokade [EB/OL]. [2023-10-10]. https://www-sk.icrr.u-tokyo.ac.jp/sk/.
35. NobelPrize.org. The Nobel Prize in Physics 1927 [EB/OL]. [2023-10-10]. The Nobel Prize in Physics 1927-NobelPrize.org.